Logic Circuits

論理回路の基礎

田口亮・金杉昭徳
佐々木智志・菅原真司 [著]

朝倉書店

は じ め に

　私たちの生活を支える多くの分野で，ディジタル技術を活用した新しいサービスが展開され始めています．ネットワークにつながったセンサ，AI，ロボットなどが社会のいたるところに入り込んだディジタル社会を形成しようとしています．ディジタル社会におけるディジタル技術の中核はコンピュータ，マイコン，DSP，プロセッサ等にほかなりません．生き物の基本単位が細胞であるのと同様に，それらの基本単位は論理ゲートであり，論理回路です．

　いまでは，論理回路は大学の教育課程において電気，電子，通信，情報系学部・学科の最重要基礎科目に位置づけられていますが，論理回路が学術／技術的な意味でディジタル社会の入口だからです．そして，本書は大学のそれら学部・学科の低学年に配当されている「論理回路」または「ディジタル回路」の教科書に相応しい内容になっています．「ディジタル回路」という言い回しは「アナログ回路」との対比を明確にするためのもので，内容としては「論理回路」と「ディジタル回路」は同じだと考えられます．

　本書の具体的な内容ですが，8つの章から構成され，コンピュータ内部での数値表現から始まって，論理演算，組合せ回路，フリップフロップ，順序回路までをカバーし，最終的には基礎論理素子の電子回路についての説明も行っています．組合せ回路，順序回路においては，代表的回路例を多数示し，設計法についても丁寧に説明を行っています．

　本書は4名の共著となっていますが，全ての著者が大学における論理回路の教育に携わっていて，そのような意味で"痒いところに手が届く"内容になっています．ですから，この分野に十分な知識がない方でも，本書のみを単独に読めばその内容がわかるように書かれていて，そのことが本章の特徴になっています．例えば，回路の設計法を説明した章などの応用的な章を除いてもらえば，文系の情報関連学科の教科書としても使用することが可能であると考えています．

　一人でも多くの方が本書を使用してディジタル社会の扉を開けて頂くことを願っています．最後に，本書の出版に際して多大にお世話になった朝倉書店の皆様に謝意を表します．

　2020 年 3 月

著者代表　田 口　　亮

目　　次

第5章　フリップフロップ　　　　　　　　67

第6章　順序回路の設計　　　　　　　　94

1 数 値 表 現

ディジタル回路では，2進数で情報が表現されており，動作形態は二値状態を
とる．本章では，まず，ディジタルとアナログについて述べる．次に，ディジタ
ル回路（論理回路）に用いられる2進数について述べる．2進数による数値表現
では，その桁数が多くなるため我々が一目でその数値を把握することは難しい．
そのため，2進数を8進数や16進数に相互に変換する基数変換について述べる．
最後に，2進数整数における負の数の表現方法について述べる．

1.1 ディジタルとアナログ

ディジタル回路は，さまざまな製品に内蔵されている．例えば，パーソナル
コンピュータやスマートフォンなどはもちろん，炊飯器や冷蔵庫などの家電，
自動車や電車などにも組み込まれている．このため，ディジタル回路は我々の
日常生活を支えるためにはなくてはならない電子回路となってきている．電子
回路は，ディジタル回路とアナログ回路に大別することができ，本書ではディ
ジタル回路を取り上げる．

アナログ（analog）とは，連続的に変化する物理量のことを表す．例えば，温
度，電流，電圧，音などがある．このように我々の身の回りにある多くの物理
量はアナログ量として捉えることができる．一方，**ディジタル**（digital）とは，
非連続的な数値や符号のことを表す．例えば，スイッチの ON 状態/OFF 状態，
電圧があるレベルを超えているか否か，電球が点灯しているか消灯しているか，
などがあり，これらの現象は数値の "0" と "1" の2値で表現できる．

時間的にも振幅的にも連続的に変化する信号をアナログ信号と呼び，時間的
にも振幅的にも離散的な値のみをとる信号をディジタル信号と呼ぶ．ディジタル
信号では，信号の大きさを2進数で表し，"0" か "1" に対応付けられる．図
1.1 に示すアナログ信号は，時間経過による電圧の変化の例を表す．一方，図
1.2 に示すディジタル信号は，図 1.1 の電圧が閾値 1（V）を上回ったときに
「2（V）」，下回ったときに「0（V）」となるように対応付けられた例を表す．こ

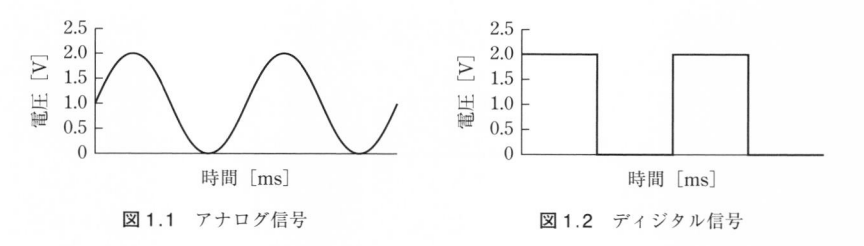

図 1.1　アナログ信号　　　　　　　　　図 1.2　ディジタル信号

の例では，1（V）より大きな電圧に "1" を，それ以下の電圧に "0" を割り当て，1 桁の 2 進数に離散化したものである．

　ディジタル信号を取り扱うディジタル回路は，アナログ信号を取り扱うアナログ回路と比較して次の利点を持つ．それは，信号を伝送するときの「ノイズ（雑音）に強い」ことである．アナログ回路では，信号線にノイズが混入すると元の信号とノイズの区別が難しい．そのため，回路に混入したノイズも信号として扱われ，その影響によって元の信号は本来の形を崩してしまう．このため，アナログ回路では微小なノイズが混入したとしても，その影響を受けることを避けられない．

　一方，ディジタル回路では，"0" と "1" からなるディジタル信号を取り扱う．これは，電圧が高いか低いか，電流が流れているか流れていないか，などの 2 つの状態（二値状態）を検知すればよいことを意味する．図 1.2 に示すディジタル信号のように電圧の閾値が 1（V）より大きいときに "1"，それ以下のときに "0" を割り当てれば，ノイズにより 0 の信号が 1 に，1 の信号が 0 に変化する可能性はほとんどなくなる．このため，ディジタル信号はアナログ信号と比較してノイズに対して強く，安定した回路の動作を実現することができる．

　ディジタル信号はアナログ信号と比較してデータの蓄積，転送，計算などのデータの取り扱いが非常に簡単となっている．それは 2 進数のデータとして扱われ，処理を論理演算で表現できるためである．論理演算を用いて合成した論理関数がディジタル回路の処理内容を正しく表現できることも，ディジタル回路の設計がアナログ回路の設計と比較して容易であることも利点の一つである．

　しかし，ディジタル回路では，アナログ回路よりもその回路規模が大きくなりやすい欠点を持つ．アナログ回路では，1 本の信号線で電流，電圧などの大きさを表現できるが，ディジタル回路では，1 本の信号線で 0 か 1 の情報のみ

を表現する．これは，ディジタル回路では数値を表現する場合に複数の信号線が必要となることを意味する．また，アナログ信号はディジタル信号に丸められることからデータ表現においてアナログ信号の精度より劣化する．つまり，ディジタル回路においてデータの精度を上げるためには多数の信号線を用意する必要があり，回路規模が大きくなる．回路規模が大きくなれば，動作速度の低下や消費電力の増加を避けられない．ただし，近年の半導体技術の向上によりこの欠点は軽減されてきている．

1.2 2 進 数 ————————————

1.2.1 コンピュータと 2 進数

10 進数（decimal number）は，人間が日常生活においてよく利用する．一方，コンピュータなどのディジタルシステムでは **2 進数**（binary number）が用いられる．10 進数 n 桁（n は 1 以上の整数）の整数は次のように表される．

$$(d_{n-1}\cdots d_0) = d_{n-1}10^{n-1} + d_{n-2}10^{n-2} + \cdots + d_1 10^1 + d_0 10^0 \qquad (1.1)$$

ここで，係数 d_k（$k = 0, 1, \cdots, n-1$）は 0 から 9 までの整数を表す．10 進数では，ある桁の値が 9 を超えると 0 に戻って桁上がりが起きる．この 10 を基数（radix）と呼ぶ．一方，2 進数 n 桁の整数は次のように表される．

$$(b_{n-1}\cdots b_0) = b_{n-2}2^{n-1} + b_{n-2}2^{n-2} + \cdots + b_1 2^1 + b_0 2^0 \qquad (1.2)$$

ここで，係数 b_k（$k = 0, 1, \cdots, n-1$）は 0 または 1 を表す．2 進数では，ある桁の値が 1 を超えると 0 に戻って桁上がりが起きる（すなわち基数は 2 である）．2 進数では数値を 0 と 1 のみで表現する．

　コンピュータを構成する多数の回路や素子の動作形態が二値状態（電圧が高い状態か低い状態か，回路が ON 状態か OFF 状態か，など）の方が，多数の状態をとる場合よりも簡単かつ安定した動作を実現できる．また，二値状態であればノイズの影響に強く，多数の回路素子や回路間で電気信号を伝送して処理を行う構成に適しており，回路作成も容易となる．さらに，二値状態は 2 進数に対応付けができることから，コンピュータが使用する数値表現の形式として 2 進数が適している．

1.2.2 10 進 数

　式（1.1）より，10 進数は次の特徴を持つ．

　① 0 から 9 の整数で表す．各桁の係数は 0 から 9 の整数のいずれかをとる．

②数え上げる際，10になるときに桁上がりが起こる．基数は10である．

③各桁の**重み**（weight）は10のべき乗（exponent）となる．

例えば，10進数の数値$(13.33)_{10}$は，次のように表される．

$$(13.33)_{10} = 1 \times 10^1 + 3 \times 10^0 + 3 \times 10^{-1} + 3 \times 10^{-2} \qquad (1.3)$$

このように同じ係数であっても桁によって値が異なる．この方式を位取り記数法と呼び，以下に説明する2進数，8進数，16進数においても採用されている．

1.2.3　2　進　数

2進数の正の整数（0を含める）について説明する．式（1.2）は2進数n桁の正の整数を表す．式（1.2）より，2進数は次の特徴を持つ．

①0と1の数字のみで表す．各桁の係数は0か1のいずれかをとる．

②数え上げる際，2になるときに桁上がりが起こる．基数は2である．

③各桁の重みは2のべき乗となる．1桁目は2^0，2桁目は2^1，n桁目は2^{n-1}となる．

例えば，10進数の数値$(13)_{10}$を2進数で表すと次のようになる．

$$(13)_{10} = 1 \times 2^3 + 1 \times 2^2 + 0 \times 2^1 + 1 \times 2^0 = (1101)_2 \qquad (1.4)$$

この場合，4桁目から1桁目の係数はそれぞれ，1，1，0，1であり，重みはそれぞれ，$2^3, 2^2, 2^1, 2^0$となる．2進数の1桁をビット（binary digit；bit）と呼ぶ．式（1.4）では，数値を4桁の2進数で表すことから4ビットとなる．2進数の最上位のビットを**MSB**（most significant bit），最下位のビットを**LSB**（least significant bit）と呼ぶ．nビットの2進数で表現可能なデータ数は2^n通りとなる．例えば，4ビットの場合は$2^4 = 16$通り，8ビットの場合は$2^8 = 256$通りとなる．図1.3は4ビットの2進数の例を表す．図1.3より，10進数の0～15の16通りのデータを表現でき，ビット数の増加につれて表現可能なデータ数も増加する．

次に，2進数の小数について説明する．10進数の小数点以下の重みは10^{-1}，$10^{-2}, \cdots, 10^{-n}$となり，2進数も同様に$2^{-1}, 2^{-2}, \cdots, 2^{-n}$となる．つまり，2進数の小数は次のように表される．

$$(0.b_{-1} \cdots b_{-n}) = b_{-1} 2^{-1} + b_{-2} 2^{-2} + \cdots + b_{-(n-1)} 2^{-(n-1)} + b_{-n} 2^{-n} \qquad (1.5)$$

ここで，nは1以上の整数，係数b_k（$k = -1, -2, \cdots, -n$）は0または1を表す．例えば，$(0.101)_2$は次のようになる．

$$(0.101)_2 = 1 \times 2^{-1} + 0 \times 2^{-2} + 1 \times 2^{-3} = (0.5)_{10} + (0.125)_{10}$$

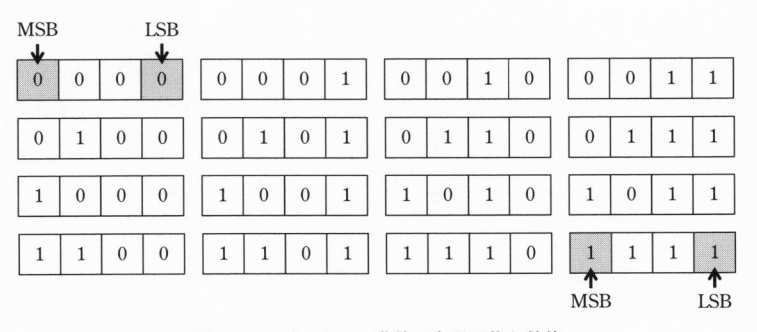

図 1.3　4 ビットの 2 進数で表現可能な数値

$$\begin{array}{r} 10 \\ +\quad 10 \\ \hline 100 \end{array} \qquad \begin{array}{r} 1100 \\ +\quad 0010 \\ \hline 1110 \end{array} \qquad \begin{array}{r} 1101 \\ +\quad 1011 \\ \hline 11000 \end{array}$$

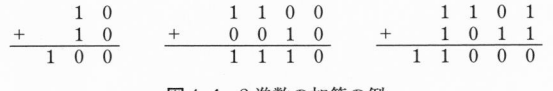

図 1.4　2 進数の加算の例

$$\begin{array}{r} 10 \\ -\quad 10 \\ \hline 0 \end{array} \qquad \begin{array}{r} 1100 \\ -\quad 0010 \\ \hline 1010 \end{array} \qquad \begin{array}{r} 1101 \\ -\quad 1011 \\ \hline 10 \end{array}$$

図 1.5　2 進数の減算の例

$$= (0.625)_{10} \tag{1.6}$$

1.2.4　2 進数の加算と減算

1 桁の 2 進数の加算のパターンは次の 4 通りのみである．

$$0+0=\ 0$$
$$0+1=\ 1$$
$$1+0=\ 1$$
$$1+1=10$$

2 進数のある桁に注目したときに，加算によりその桁が 2 になる場合に桁上がりが発生する．一方，減算においてその桁から引けないときは，上位桁から 2 を借りる．例えば，10－01 では，1 桁目に注目すると 0－1 となり引くことができないので，上位桁から 2 を借りて引き，答えが 2－1=1 となる．図 1.4 に 2 進数の加算の例を図 1.5 に 2 進数の減算の例をそれぞれ示す．

1.2.5　8 進数と 16 進数

ディジタルシステムでは 2 進数が常用されているが，2 進数は数値を表現す

るときに桁数が多くなる．そのため，2進数の数値の大きさは，一見しただけ
では理解することが難しい．この問題を解決するために，2進数との相互変換
があり，数値の大きさの増加に伴う桁数の増加が緩やかな**8進数**（octal
number）や**16進数**（hexa decimal number）が用いられる．

まずは，8進数について説明する．8進数 n 桁（n は1以上の整数）の整数は
次のように表される．

$$(o_{n-1} \cdots o_0) = o_{n-1} 8^{n-1} + o_{n-2} 8^{n-2} + \cdots + o_1 8^1 + o_0 8^0 \qquad (1.7)$$

ここで，係数 o_k（$k = 0, 1, \cdots, n-1$）は0から7までの整数を表す．式（1.7）
より，8進数は次の特徴を持つ．

①0から7の整数で表す．各桁の係数は0から7の整数のいずれかをとる．

②数え上げる際，8になるときに桁上がりが起こる．基数は8である．

③各桁の重みは8のべき乗となる．

例えば，10進数の数値 $(13)_{10}$ を8進数で表すと次のようになる．

$$(13)_{10} = 1 \times 8^1 + 5 \times 8^0 = (15)_8 \qquad (1.8)$$

16進数 n 桁の整数（n は1以上の整数）の整数は次のように表される．

$$(h_{n-1} \cdots h_0) = h_{n-1} 16^{n-1} + h_{n-2} 16^{n-2} + \cdots + h_1 16^1 + h_0 16^0 \qquad (1.9)$$

ここで，係数 h_k（$k = 0, 1, \cdots, n-1$）は0から15までの整数を表す．式（1.9）
より，16進数は次の特徴を持つ．

①0から9の整数と（A，B，C，D，E，F）の6個のアルファベットを用い
　て0から15までの整数を表す．各アルファベットはそれぞれ次の整数を表
　す．

$$A = 10, \quad B = 11, \quad C = 12, \quad D = 13, \quad E = 14, \quad F = 15$$

②数え上げる際，16になるときに桁上がりが起こる．基数は16である．

③各桁の重みは16のべき乗となる．

例えば，10進数の数値 $(12)_{10}$ を16進数で表すと次のようになる．

$$(12)_{10} = 12 \times 16^0 = (C)_{16} \qquad (1.10)$$

表1.1に10進数，2進数，8進数，16進数の対応関係を示す．表1.1より，
3桁の2進数では，0から7までの整数を表すことができ，4桁の2進数では，
0から15までの整数を表すことができる．これは，3桁の2進数は8進数1桁
に，4桁の2進数は16進数1桁に対応することを表す．すなわち，8進数は2

表 1.1 10 進数, 2 進数, 8 進数, 16 進数の対応表

10 進数	2 進数	8 進数	16 進数
0	0	0	0
1	1	1	1
2	10	2	2
3	11	3	3
4	100	4	4
5	101	5	5
6	110	6	6
7	111	7	7
8	1000	10	8
9	1001	11	9
10	1010	12	A
11	1011	13	B
12	1100	14	C
13	1101	15	D
14	1110	16	E
15	1111	17	F

進数の 3 桁ごとをまとめた表現であり, 16 進数は 4 桁ごとにまとめた表現である.

1.3 基 数 変 換

人間とコンピュータが情報をやりとりするためには, 10 進数から 2 進数への変換およびその逆の変換が必要となる. ある進数を他の進数へ変換することを **基数変換**(radix conversion)と呼ぶ. 本節では, 2 進数と 10 進数, 8 進数, 16 進数の基数変換について説明する.

1.3.1 2 進数と 10 進数の基数変換

式(1.2)と式(1.5)より, n 桁の整数部と m 桁の小数部を持つ 2 進数の実数は次のように表される.

$$(b_{n-1}\cdots b_1 b_0.b_{-1}\cdots b_{-m})_2 = b_{n-1}2^{n-1} + \cdots + b_1 2^1 + b_0 2^0$$
$$+ b_{-1}2^{-1} + \cdots + b_{-m}2^{-m} \qquad (1.11)$$

ここで, 係数 $b_k(-m \leq k \leq n-1)$ は 0 または 1 の整数を表す. 2 進数から 10 進数の変換は式(1.11)に基づいて行われる. 例えば, 2 進数の実数 $(1101.101)_2$ を 10 進数へ基数変換すると次のようになる.

$$(1101.101)_2 = 1 \times 2^3 + 1 \times 2^2 + 0 \times 2^1 + 1 \times 2^0 + 1 \times 2^{-1} + 0 \times 2^{-2}$$
$$+ 1 \times 2^{-3} = 8 + 4 + 1 + 0.5 + 0.125$$
$$= (13.625)_{10} \tag{1.12}$$

例題 1.1　2進数 $(10101)_2$ と $(0.0101)_2$ をそれぞれ10進数に変換せよ.

解答　それぞれの基数変換の手順を次に示す.
$$(10101)_2 = 1 \times 2^4 + 0 \times 2^3 + 1 \times 2^2 + 0 \times 2^1 + 1 \times 2^0 = (21)_{10}$$
$$(0.0101)_2 = 0 \times 2^{-1} + 1 \times 2^{-2} + 0 \times 2^{-3} + 1 \times 2^{-4} = (0.3125)_{10}$$

次に, 10進数から2進数への基数変換の方法を説明する. 整数部と小数部で変換の方法が異なるため, まずは整数部の変換について説明する.

10進数の整数を2進数の整数に変換するには, 連除法を用いる. 連除法では, 10進数の整数を2で割り, 商と剰余を求めていく. 剰余は2進数の各桁の係数となる. 商はさらに2で割り, その商と剰余を求める. この操作を商が0になるまで繰り返し, 最初の剰余から1桁目, 2桁目, …, n桁目と順番に並べる. 例えば, 10進数の整数 $(29)_{10}$ を2進数に基数変換すると $(11101)_2$ となる.

例題 1.2　10進数の整数 $(53)_{10}$ を2進数に基数変換せよ.

解答　10進数の整数 $(53)_{10}$ から2進数への基数変換の手順を図1.6に示す.

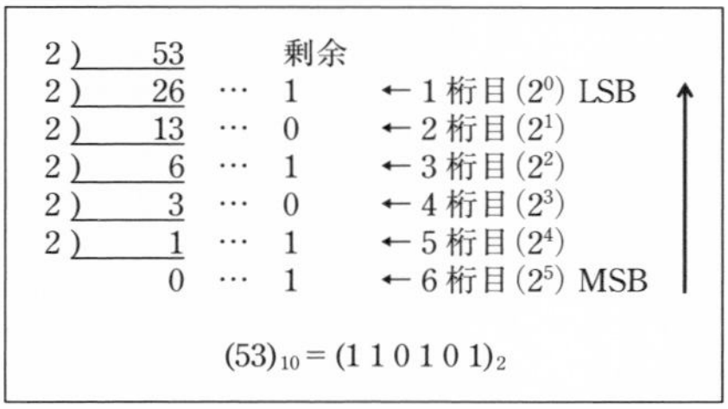

```
2 )    53        剰余
2 )    26   …  1      ←1桁目(2⁰) LSB    ↑
2 )    13   …  0      ←2桁目(2¹)
2 )     6   …  1      ←3桁目(2²)
2 )     3   …  0      ←4桁目(2³)
2 )     1   …  1      ←5桁目(2⁴)
        0   …  1      ←6桁目(2⁵) MSB

           (53)₁₀ = (1 1 0 1 0 1)₂
```

図 1.6　10進数の整数を2進数へ基数変換する手順の例

まず, 53を2で割った商26と剰余1を求め, 剰余1は2進数の1桁目すなわちLSBの数値となる. 次に, 商26を2で割った商13と剰余0を求め, 剰余0は2進数の2桁目の数値となる. この操作を商が0になるまで繰り返す. 商が1のときに2で割るとその商は0, 剰余は1となり, この最後の剰余1はMSBとなる. 上記の

操作を行うことで 10 進数から 2 進数への基数変換を行うことができる.

10 進数の小数部を 2 進数に変換する連倍法について説明する. 連倍法では, 変換対象の 10 進数の小数を 2 倍し, その結果を整数部と小数部に分ける. 整数部の数値は 2 進数の小数点以下の各桁の数字となる. 小数部はさらに 2 倍し, その積を整数部と小数部に分ける. この操作を小数部が 0 になるか, 小数点以下の必要な桁が得られるまで繰り返す. 最初に得られた整数部から小数点以下の 1 桁目, 2 桁目, …, m 桁目と順番に並べる.

例題 1.3 10 進数の小数 $(0.625)_{10}$ を 2 進数に基数変換せよ.

解答 10 進数の小数 $(0.625)_{10}$ から 2 進数への基数変換の手順を図 1.7 に示す.

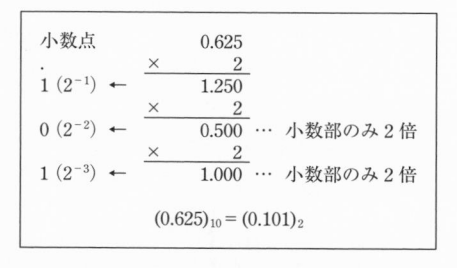

図 1.7 10 進数の小数を 2 進数へ基数変換する手順の例

まず, 小数 $(0.625)_{10}$ に 2 を掛けて, その積 $(1.25)_{10}$ の整数部 1 を取り出す. 最初に取り出した整数部は小数第 1 位の数字となる. 次に, 積の整数部を無視した小数部 $(0.25)_{10}$ に 2 を掛けて, その積 $(0.5)_{10}$ の整数部 0 を取り出して小数第 2 位の数字とする. 最後に, 積 $(0.5)_{10}$ に 2 を掛けた積 $(1.0)_{10}$ の整数部 1 を取り出して小数第 3 位の数字とする. このとき, 積の小数部は 0 となるため, 連倍法を終了する.

10 進数の実数を 2 進数に基数変換する場合は, まず 10 進数の整数部を連徐法によって 2 進数の整数部を求める. 次に, 10 進数の小数部を連倍法によって 2 進数の小数部を求める. 最後に, 求めた 2 進数の整数部と小数部を合わせることで 10 進数から 2 進数への基数変換を実現できる.

例題 1.4   10 進数の実数 $(23.4375)_{10}$ を 2 進数に基数変換せよ.

解答   10 進数 $(23.4375)_{10}$ から 2 進数への基数変換の手順を図 1.8 に示す.

　まず，10 進数の実数を整数部と小数部に分割する．整数部 $(23)_{10}$ は連除法により 2 進数に基数変換する．次に，小数部 $(0.4375)_{10}$ は連倍法により 2 進数に基数変換する．最後に 2 進数に変換した整数部 $(10111)_2$ と小数部 $(0.0111)_2$ を加算することで，10 進数の実数を 2 進数へ基数変換することができる.

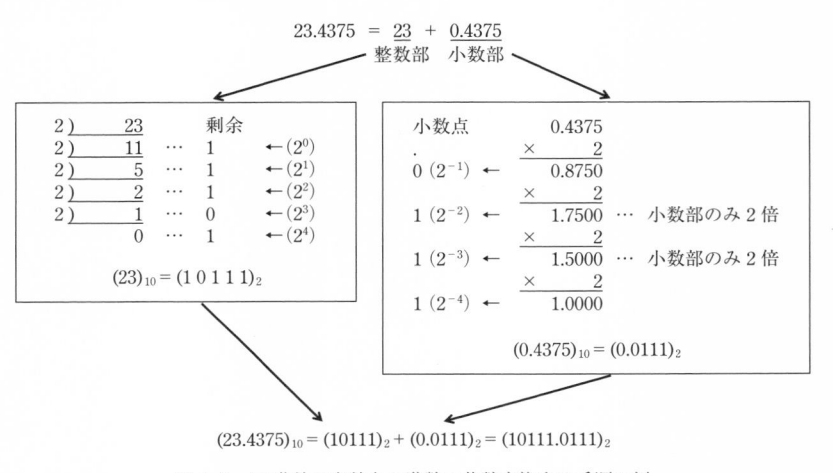

$$23.4375 \;=\; \underline{23} \;+\; \underline{0.4375}$$
整数部　小数部

図 1.8　10 進数の実数を 2 進数へ基数変換する手順の例

1.3.2　2 進数と 8 進数の基数変換

　表 1.1 より，3 桁の 2 進数は 1 桁の 8 進数で表せる．この関係を用いることで 2 進数と 8 進数の基数変換が容易になる.

　まず，8 進数の実数から 2 進数の実数に基数変換する方法について説明する．例として 8 進数の実数 $(31.24)_8$ を用いて説明する．図 1.9 にこの基数変換の手順を示す．この実数を 2 進数に基数変換するには，8 進数の実数の各桁をそれぞれ 3 桁の 2 進数に置き換える．2 進数に変換後，整数部と小数部をあわせて最上位の桁が 0 および最下位の桁が 0 の場合は省略する．$(31.24)_8$ の最上位の 3（011）の 0，最下位の 4（100）の 0 は省略される.

　次に，2 進数から 8 進数へ基数変換する方法について説明する．2 進数の実数から 8 進数の実数に変換する場合は，小数点を基準にして，3 桁ずつ区切る．そ

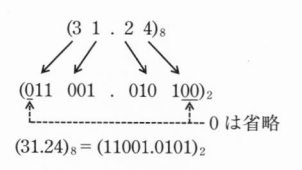

図 1.9　8 進数の実数を 2 進数に基数変換する手順の例

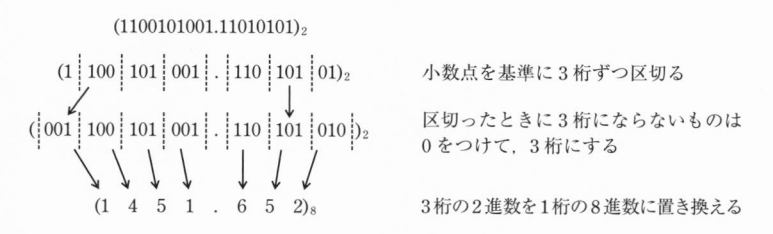

$(1100101001.11010101)_2 = (1451.652)_8$

図 1.10　2 進数の実数を 8 進数に基数変換する手順の例

の後，区切った 3 桁の数値を 8 進数の 1 桁の数値に置き換える．図 1.10 に 2 進数実数を 8 進数に基数変換する手順の例を示す．

1.3.3　2 進数と 16 進数の基数変換

ここでは，2 進数と 16 進数の基数変換について説明する．表 1.1 により，4 桁の 2 進数は 1 桁の 16 進数に置き換えることができる．この関係を用いることで，2 進数と 16 進数の基数変換を容易に行うことができる．この関係性は 2 進数と 8 進数と同様の考え方である．

例題 1.5　16 進数の実数 $(1D.6A8)_{16}$ を 2 進数に基数変換せよ．

解答　16 進数から 2 進数の変換手順を図 1.11 に示す．
　まず，16 進数の実数の各桁をそれぞれ 4 桁の 2 進数に置き換える．次に 2 進数に変換後，最上位の桁が 0 および最下位の桁が 0 の場合は省略する．$(1D.6A8)_{16}$ の最上位の 1（0001）の 0，最下位の 8（1000）の 0 は省略される．最後に，最上位の数字から順番に並べていくことで 16 進数から 2 進数への基数変換を実現できる．

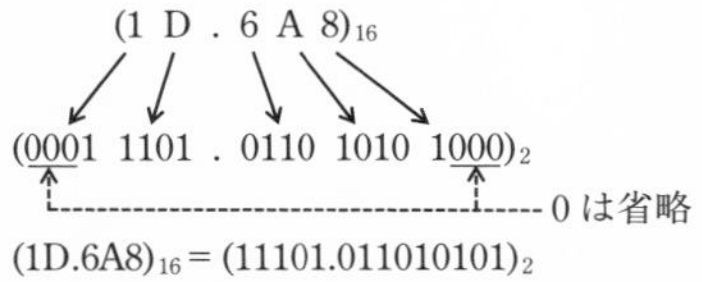

$$(1 \ D \ . \ 6 \ A \ 8)_{16}$$

$$(\underline{0001} \ \underline{1101} \ . \ \underline{0110} \ \underline{1010} \ \underline{1000})_2$$

---0 は省略

$$(1D.6A8)_{16} = (11101.011010101)_2$$

図 1.11　16 進数の実数を 2 進数へ基数変換する手順の例

例題 1.6　2 進数の実数 $(1100101001.110101011)_2$ を 16 進数に基数変換せよ.

解答　2 進数から 16 進数の基数変換の手順を図 1.12 に示す.

　2 進数の実数から 16 進数の実数へ基数変換する方法は, 小数点を基準に 4 桁ずつ区切り, 区切った 4 桁の数値を 16 進数の 1 桁の数値に置き換えることで実現できる.

　2 進数の実数 $(1100101001.110101011)_2$ を 16 進数に基数変換するには, まず, 小数点を基準に 4 桁ずつ区切る. そうすると, 最上位は 2 桁 (11), 最下位は 1 桁 (1) となる. このように, 最上位と最下位は 4 桁とならないことがある. この場合は, 不足した桁数分の 0 を補う必要がある. 最上位では 0 を数値の前に, 最下位では 0 を数値の後に必要な個数つける. この場合, 最上位の (11) は (0011) に, 最下位の (1) は (1000) となる. 全ての数値が 4 桁ずつに区切れたら, 4 桁の 2 進数を 1 桁の 16 進数に置き換える. このようにすることで, 2 進数の実数を 16 進数の実数に変換することができる.

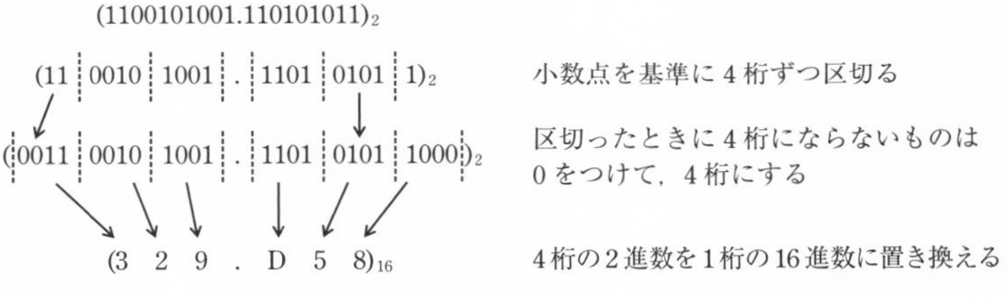

$$(1100101001.110101011)_2$$

$$(11 \ 0010 \ 1001 \ . \ 1101 \ 0101 \ 1)_2$$　　　小数点を基準に 4 桁ずつ区切る

$$(0011 \ 0010 \ 1001 \ . \ 1101 \ 0101 \ 1000)_2$$　　　区切ったときに 4 桁にならないものは
　　　　　　　　　　　　　　　　　　　　　　　0 をつけて, 4 桁にする

$$(3 \ \ 2 \ \ 9 \ . \ D \ \ 5 \ \ 8)_{16}$$　　　4 桁の 2 進数を 1 桁の 16 進数に置き換える

$$(1100101001.110101011)_2 = (329.D58)_{16}$$

図 1.12　2 進数実数を 16 進数へ基数変換する手順の例

1.4　負の数の表現, 補数

　ここまでは, 0 を含めた非負の数のみを取り扱ってきた. これは, 符号を考慮しない数値の表現方法である. しかし, コンピュータで数値を取り扱う場合,

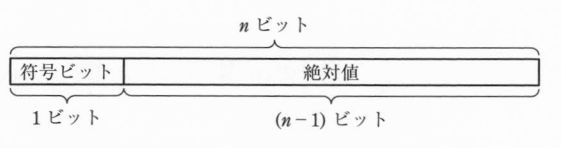

図1.13 n ビットの符号付き絶対値表現

負の数も使用することがほとんどである．本節では，2 進数における正と負の符号付きの数値の表現方法について説明する．

1.4.1 符号付き絶対値表現

正と負の符号は 1 桁の 2 進数（すなわち 1 ビット）で表現できる．正の数を 0，負の数を 1 として表す．**符号付き絶対値表現**では，この符号を表すビットが最上位ビット（MSB）となり，**符号ビット**と呼ぶ．それ以外のビットは，絶対値を表す．図1.13 は符号を含めて n ビットの符号付き絶対値表現の例を示す．この例では，最上位ビットである n ビット目が符号ビット，残りの $n-1$ ビットで絶対値を表す．例えば，符号を含めて 4 ビットの符号付き絶対値表現で $(7)_{10}$ と $(-7)_{10}$ を表す場合は，それぞれ $(0111)_2$ と $(1111)_2$ となる．

例題 1.7 10 進数の整数 $(13)_{10}$ と $(-4)_{10}$ を，それぞれ符号を含めて 5 ビットの符号付き絶対値表現で表せ．

解答

① 10 進数の整数を 4 ビットの絶対値で表す．

$(13)_{10} = (1101)_2$

$(4)_{10} = (0100)_2$

② 5 ビット目に符号ビットを追加する．

$(13)_{10} = (01101)_2$

$(-4)_{10} = (10100)_2$

例題 1.8 3 ビットの符号付き絶対値表現で表せる 10 進数の整数を全て示せ．

解答 3 ビット目が符号ビット，残りの下位 2 ビットで絶対値を表す．表1.2 に 3 ビットの符号付き絶対値表現で表現可能な 10 進数の整数を示す．表1.2 より，$2^3 = 8$ 通りの数値を表現できることがわかるが，この場合，0 の表現が $+0$ と -0 の 2 通

り存在するため冗長な表現となっている.

表 1.2　3 ビットの符号付き絶対値表現と 10 進数整数との対応関係

符号付き絶対値表現	10 進数整数
000	$+0$
001	$+1$
010	$+2$
011	$+3$
100	-0
101	-1
110	-2
111	-3

1.4.2　補 数 表 現

補数（complement）とは，ある数値が桁上がりをするために必要な最小の数，またはその値から 1 を引いた数のことである．補数を使うことで負の数を表現することができるが，補数による表現は整数の場合に限る．基数が r の r 進数では，「r の補数」がよく使われる．例えば，10 進数なら「10 の補数」，2 進数なら「2 の補数」である．

まずは，10 の補数について説明する．例えば，1 桁の 10 進数の整数 7 が 2 桁目に桁上がりする最小の数値は $10^1-7=3$ である．この 3 と 7 は互いに対して 10 の補数を表す．図 1.14 の左図はこの関係を表しており，7 に 3 を加算すると 2 桁目への桁上りが発生し，1 桁目の数値は 0 となる．この例では，1 桁の 10 進数を表すため，2 桁目への桁上りの数値は考慮しない．したがって，数値 7 に対する 10 の補数を加算することで，1 桁目は 7 から 7 を減算した結果（$7-7=0$）と同様となる．図 1.14 の右図は 3 桁の 10 進数の整数の例を表し，数値 347 が 4 桁目に桁上りする最小の数値（10 の補数）は $10^3-347=653$ である．この場合は，3 桁の 10 進数を表し，4 桁目への桁上りの数値は考慮しない．このため，347 にその 10 の補数 653 を加算することで 3 桁の数値は 000 となり，（$347-347=0$）と同様の結果となる．よって，3 桁の 10 進数においては 347 の 10 の補数 653 が -347 であるとみなすことができる．つまり，n 桁の 10 進数の数値 N の 10 の補数 N' を求めるには次のようになる．

$$N'=10^n-N \tag{1.13}$$

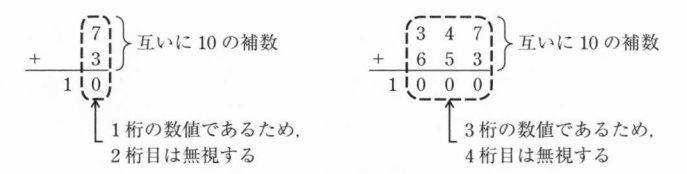

図1.14 10の補数表現の例

数値NとN'を互いに加算することで，$N+N'=10^n$となる．このとき，$n+1$桁目に桁上がりが起こるが，n桁の10進数のため，$n+1$桁目は無視され，$N+N'$$=N-N=0$と同様の結果となる．したがって，補数を用いることで負の数を表せる．数値Nに対する10の補数N'は$-N$に対応する（すなわち$N'=-N$）．

1.4.3 2の補数表現

2の補数も考え方は10の補数と同様である．n桁の2進数の数値Nの2の補数N'は次のように求められる．

$$N'=2^n-N \tag{1.14}$$

数値NとN'を互いに加算することで，$N+N'=2^n$を実現できる．このとき，$n$$+1$桁目に桁上がりが起こるが，$n$桁の2進数のため，$n+1$桁目は無視される．つまり，数値$N$に対する2の補数$N'$は$-N$に対応する．

例えば，4桁の2進数整数（4ビット）で表す10進数整数の$(2)_{10}$は$(0010)_2$である．$(0010)_2$に対する2の補数は式（1.14）より，$2^4-0010=10000-0010$$=1110$となる．図1.15にこの例を示す．図中において，$(0010)_2$と$(1110)_2$を加算すると$2^4=(10000)_2$となるが，5ビット目の数値1は無視されて下位4ビットの数値は$(0000)_2$となる．このように$(1110)_2$は10進数整数の-2を表す．

式（1.14）を用いることで，2の補数を求めることができる．しかし，桁数が大きな2進数整数の2の補数を求める場合は計算が大変となる．そこで，ある2進数整数からその2の補数を簡単に求める方法について説明する．

① 2進数の各ビットの値を反転（$0 \rightarrow 1$，$1 \rightarrow 0$）する．例えば，4ビットの整数$(0101)_2$の各ビットの値を反転すると$(1010)_2$となる．このような数を1の補数と呼ぶ．

② ①の操作で変換した1の補数に1を加える．つまり，2の補数とは，1の補数に対して1を加えた数を表す．①の例においては，1の補数$(1010)_2$に1を加えた$(1011)_2$が$(0101)_2$の2の補数となる．

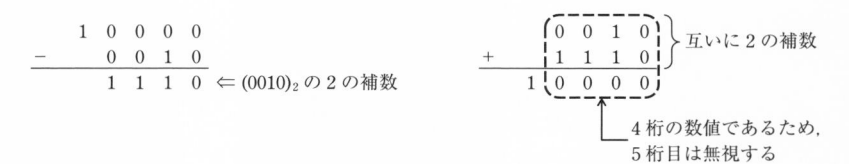

図 1.15 4 桁の 2 進数における 2 の補数表現の例

例題 1.9 10 進数の整数 $(-4)_{10}$ を，5 ビットの 2 の補数表現で表せ．

解答

① 10 進数の整数を 5 ビットの絶対値で表す．

　$(4)_{10} = (00100)_2$

② ①に対する 1 の補数をとる．

　$(00100)_2 \rightarrow (11011)_2$

③ 2 の補数 ＝ 1 の補数 + 1 より，2 の補数を計算する．

　$(11011)_2 + (00001)_2 = (11100)_2$

$(11100)_2$ は $(-4)_{10}$ を表す．

例題 1.10 3 ビットの 2 の補数表現で表せる 10 進数の整数を全て示せ．また，表 1.2 と比較して符号付き絶対値表現との違いを説明せよ．

解答 表 1.3 に 3 ビットの 2 の補数表現で表現可能な 10 進数整数を示す．

　表 1.3 より，3 ビットの 2 進数では $2^3 = 8$ 通りの数値を表すことができる．2 の補数表現の場合，符号付き絶対値表現とは異なり，0 の表現方法が 1 つとなり $-2^2 \sim 2^2 - 1$ の範囲の数値を表現できる．したがって，n ビットの 2 進数の 2 の補数表現の

表 1.3 3 ビットの 2 の補数表現と 10 進数整数との対応関係

2 の補数表現	10 進数整数
000	0
001	1
010	2
011	3
100	-4
101	-3
110	-2
111	-1

場合は，$-2^{n-1} \sim 2^{n-1}-1$ の範囲の数値を表現できる．

演習問題 ————————

1.1 10 進数に基数変換せよ．

(1) $(11)_2$ (2) $(71)_8$ (3) $(ABC)_{16}$ (4) $(110011)_2$

(5) $(365)_8$ (6) $(F09A)_{16}$ (7) $(100.00101)_2$ (8) $(0.64)_8$

(9) $(C0.A)_{16}$

1.2 次の数値をそれぞれ基数変換せよ．

(1) $(199)_{10} = ($ $)_2 = ($ $)_8 = ($ $)_{16}$

(2) $(1101101101)_2 = ($ $)_8 = ($ $)_{10} = ($ $)_{16}$

(3) $(736)_8 = ($ $)_2 = ($ $)_{10} = ($ $)_{16}$

(4) $(9AE1)_{16} = ($ $)_2 = ($ $)_8 = ($ $)_{10}$

1.3 次の 10 進数の 10 の補数を求めよ．

(1) $(34)_{10}$ (2) $(457)_{10}$ (3) $(8135)_{10}$ (4) $(19285)_{10}$

1.4 次の 10 進数を 9 ビットの符号付き絶対値表現で表せ．

(1) $(250)_{10} = ($ $)_2$ (2) $(-149)_{10} = ($ $)_2$

(3) $(10)_{10} = ($ $)_2$ (4) $(-8)_{10} = ($ $)_2$

1.5 次の 10 進数を 8 ビットの 2 の補数表現で表せ．

(1) $(10)_{10} = ($ $)_2$ (2) $(-8)_{10} = ($ $)_2$

(3) $(127)_{10} = ($ $)_2$ (4) $(-98)_{10} = ($ $)_2$

2　論理演算

　0と1の2値を扱う論理代数は，論理回路の設計や解析を行うための数学的基礎を与えるもので，ブールによって体系化された（以降，ブール代数と呼ぶ）．その後，ブール代数に基づく論理回路の設計法が明らかにされた．本章では，論理回路設計のために必要な基礎知識として，ブール代数と論理関数について解説する．まず，ブール代数の数学的定義を示し，次に論理関数と論理式に関する基本的事項について説明する．特に，ある論理関数を論理式で表す方法は無数にあるため，標準的な表現形（加法標準形と乗法標準形）を明らかにする．その後，基本的な論理演算を実装する論理ゲートについて述べる．最後に，ド・モルガンの定理を与えることで，2つの標準形が相互変換可能であることを解説する．

2.1　論理演算
2.1.1　ブール代数と真理値表

　あらゆる事柄を「真」と「偽」のいずれかで表現する考え方を「論理」という．真と偽の組合せからなる情報を処理する計算方法が**論理演算**である．演算上では真が1に，偽が0に対応する．よって，**論理代数**（**ブール代数**；Boolean algebra）は0と1の2値論理を扱う代数である．

　ブール代数は論理値（0, 1）に関する，論理積（AND），論理和（OR），論理否定（NOT）の3つの論理演算からなる代数系として定義される．

論理積（AND）

　X を2つの変数 A と B の関数とするとき，論理積（AND）の論理式は次式で表す．通常の代数的乗算と同様に "$\cdot$" を省略することができる．

$$X = A \cdot B \quad \text{または} \quad X = AB \tag{2.1}$$

　A，B と X の関係は**真理値表**（truth table）と呼ばれる表形式で示すことができる．真理値表は全ての入力パターンとそれに対する結果の値を表にしたものである．表2.1が論理積の真理値表である．A と B が共に1のときのみ X が1となる演算である．

表 2.1 論理積（AND）の真理値表

A	B	X
0	0	0
0	1	0
1	0	0
1	1	1

表 2.2 論理和（OR）の真理値表

A	B	X
0	0	0
0	1	1
1	0	1
1	1	1

表 2.3 論理否定（NOT）の真理値表

A	X
0	1
1	0

論理和（OR）

論理和（OR）の論理式は

$$X = A + B \tag{2.2}$$

と表され，その真理値表が表 2.2 である．A と B の少なくとも一方が 1 の場合 X が 1 となる演算である．

論理否定（NOT）

論理否定（NOT）の論理式は次式となる．

$$X = \overline{A} \tag{2.3}$$

真理値表は表 2.3 となり，一変数の演算であり A に対する逆の論理が演算結果となる．

論理変数を論理演算で結びつけたものを**論理関数**と呼ぶ．その関数は論理式で表現される．論理関数内の論理変数のとることができる値は 0 か 1 の 2 種類であり，論理関数のとりうる値も 0 か 1 である．よって，2 変数の論理関数では論理変数のとりうる値の組合せは $2^2 = 4$ 種類であるから，論理関数の種類は表 2.4 に示すように $2^4 = 16$ 通りとなる．3 変数の論理関数では論理変数のとりうる組合せが $2^3 = 8$ 種類であるから，論理関数の種類は $2^8 = 256$ 通りとなる．

いま，論理式の例を示し，実際に真理値表（論理関数）を求めてみる．次式

$$X = (A + B) \cdot \overline{A} \tag{2.4}$$

を考える．表 2.5 には $A + B$ と $\overline{A}$ の結果を示し，最終結果 $(A + B) \cdot \overline{A}$ を得ている．

ところで

$$X = \overline{A} \cdot B \tag{2.5}$$

の真理値表を求めると表 2.5 と同じになる．すなわち，論理式 $(A + B) \cdot \overline{A}$ と論理式 $\overline{A} \cdot B$ は等価である．同じ真理値表を導く論理関数の論理式が複数個存在

表2.4　2変数の場合の16通りの論理関数

論理変数		論理関数															
A	B	①	②	③	④	⑤	⑥	⑦	⑧	⑨	⑩	⑪	⑫	⑬	⑭	⑮	⑯
0	0	0	0	0	0	0	0	0	0	1	1	1	1	1	1	1	1
0	1	0	0	0	0	1	1	1	1	0	0	0	0	1	1	1	1
1	0	0	0	1	1	0	0	1	1	0	0	1	1	0	0	1	1
1	1	0	1	0	1	0	1	0	1	0	1	0	1	0	1	0	1

表2.5　$(A+B)\cdot\overline{A}$の真理値表

A	B	$A+B$	$\overline{A}$	$(A+B)\cdot\overline{A}$
0	0	0	1	0
0	1	1	1	1
1	0	1	0	0
1	1	1	0	0

することがわかる．実際は無数個存在する．

2.1.2　ブール代数の公理と定理

論理演算の基礎となる公理，定理を明らかにしておく．

ブール代数の公理

単位元：	$A+0=A,\quad A\cdot1=A$	(2.6)

単位元：　　$A+0=A,\quad A\cdot1=A$　　　　　　　　　　　　(2.6)

交換則：　　$A+B=B+A,\quad A\cdot B=B\cdot A$　　　　　　　　(2.7)

結合則：　　$A+(B+C)=(A+B)+C,\quad A\cdot(B\cdot C)=(A\cdot B)\cdot C$　(2.8)

分配則：　　$A\cdot(B+C)=A\cdot B+A\cdot C,\quad A+B\cdot C=(A+B)\cdot(A+C)$　(2.9)

補　元：　　$A+\overline{A}=1,\quad A\cdot\overline{A}=0$　　　　　　　　　(2.10)

これらの公理によりブール代数が定義された．通常の数の代数学と異なり，分配則の2番目の式はブール代数固有である．また，通常の代数学における逆元がブール代数の補元に対応し，逆元とは異なる．

ブール代数の定理

次に，定理を与える．定理は公理やすでに証明された定理を使って証明された命題である．

巾等則：　　$A+A=A,\ A\cdot A=A$　　　　　　　　　　　　(2.11)

帰無則：　　$A+1=1,\ A\cdot0=0$　　　　　　　　　　　　　(2.12)

復元則：　　$\overline{\overline{A}}=A$　　　　　　　　　　　　　　　　　(2.13)

吸収則：　①$A + A \cdot B = A$,　②$A \cdot (A + B) = A$,

　　　　　③$A + \overline{A} \cdot B = A + B$,　④$A \cdot (\overline{A} + B) = A \cdot B$

巾等則の証明は $0 + 0 = 0, 1 + 1 = 1, 0 \cdot 0 = 0, 1 \cdot 1 = 1$ のように容易に成される.
帰無則の証明も $0 + 1 = 1, 1 + 1 = 1, 0 \cdot 0 = 0, 1 \cdot 0 = 0$ のように成される.　復元則は
いわゆる二重否定である.

　吸収則の①と②は $A \supseteq A \cdot B$ から証明可能である.　③は公理を用いて以下のよ
うに証明される.

$$A + \overline{A} \cdot B = (A + \overline{A}) \cdot (A + B) \qquad : 分配則$$

$$= 1 \cdot (A + B) \qquad\qquad\quad : 補元$$

$$= A + B \qquad\qquad\qquad : 単位元 \qquad (2.14)$$

④も公理である分配則 $(A \cdot (B + C) = A \cdot B + A \cdot C)$ と補元 $(A \cdot \overline{A} = 0)$ を用いて
証明できる.

論理式の双対性

　ブール代数の公理や定理において「・→＋」,「＋→・」,「0→1」,「1→0」を
全て置き換えた式が成立する.　例えば, 吸収則① $A + A \cdot B = A$ において「・→
＋」,「＋→・」と置き換えれば $A \cdot (A + B) = A$ (吸収則②) となる.　このような
性質を論理式の**双対性**という.

2.1.3　論理式の簡略化

　ブール関数の公理, 定理を用いることで論理式を簡略化できる.　**簡略化**とは,
少ない項数, 少ない論理積, 論理和で等価な論理式を導くことである.　以下に
いくつかの例を示す.

例 2.1　$X = (A + B + C) \cdot (\overline{A} + B + C) \cdot (A + \overline{B} + C)$　　：巾等則

　　　　　$= (A + B + C) \cdot (\overline{A} + B + C) \cdot (A + B + C) \cdot (A + \overline{B} + C)$　　：分配則

　　　　　$= \{(B + C) + A \cdot \overline{A}\} \cdot \{(A + C) + B \cdot \overline{B}\}$　　：帰無則

　　　　　$= (B + C) \cdot (A + C)$　　：分配則

　　　　　$= A \cdot B + B \cdot C + A \cdot C + C \cdot C$　　：巾等則

　　　　　$= A \cdot B + B \cdot C + A \cdot C + C$　　：吸収則

　　　　　$= A \cdot B + C$ 　　　　　　　　　　　　　　　　　　(2.15)

例 2.2　$X = (A + C) \cdot (A \cdot \overline{B} + A \cdot C) \cdot (\overline{A} \cdot \overline{C} + B)$　　：分配則

$$= (A + C) \cdot A \cdot (\overline{B} + C) \cdot (\overline{A} \cdot \overline{C} + B) \qquad : 吸収則$$

$$= A \cdot (\overline{A} \cdot \overline{C} + B) \cdot (\overline{B} + C) \qquad : 補元$$

$$= A \cdot B \cdot (\overline{B} + C) \qquad : 補元$$

$$= A \cdot B \cdot C \tag{2.16}$$

2.2　論 理 関 数

2.2.1　主加法標準形と主乗法標準形

ある論理関数を論理式で表す方法は無数にあるため，同じ論理関数を示す異なった論理式を見比べてもその論理関数が等価であるか一見しただけでは判断できない．論理関数を一意に表す標準的な表現形があると便利である．論理式の2つの標準的な表現形に**加法標準形**（disjunctive normal form）と**乗法標準形**（conjunctive normal form）がある．

加法標準形と乗法標準形

論理変数の論理積の論理和を加法標準形といい，論理和の論理積を乗法標準形という．

$$加法標準形の例： \quad A \cdot B \cdot C + A \cdot B + \overline{A} \cdot B \cdot C \tag{2.17}$$

$$乗法標準形の例： \quad (A + B + C) \cdot (A + B) \cdot (\overline{A} + B + C) \tag{2.18}$$

主加法標準形と主乗法標準形

主加法標準形と主乗法標準形を構成する**最小項**（min term）と**最大項**（max term）を説明する．

使用する全ての論理変数またはその否定の論理積からなる項を最小項という．例えば，$A \cdot B \cdot C$ は最小項であり，真理値表で示すと表2.6のように，$A = B = C = 1$ の時のみ出力 X が1となる．すなわち，全ての最小項において1となる出力の個数は1個で最小個数である．そして，3変数 A, B, C のとき，それぞれの変数に対して2つの場合があることから，最小項の数は $2^3 = 8$ 項（$A \cdot B \cdot C$, $\overline{A} \cdot B \cdot C, A \cdot \overline{B} \cdot C, \overline{A} \cdot \overline{B} \cdot C, A \cdot B \cdot \overline{C}, \overline{A} \cdot B \cdot \overline{C}, A \cdot \overline{B} \cdot \overline{C}, \overline{A} \cdot \overline{B} \cdot \overline{C}$）である．

逆に，全ての論理変数またはその否定の論理和からなる項を最大項という．例えば，$A + B + C$ は最大項であり，真理値表で示せば表2.7のように $A = B = C = 0$ の時を除いて，7個の出力 X が1となる．すなわち，最大項においては出力が1となる個数は7と最大になる．そして，3変数 A, B, C のとき，最大項も8項ある（上記の8つの最小項の論理積を論理和に置き換える）．

表 2.6 最小項 $A \cdot B \cdot C$ の真理値表

A	B	C	X
0	0	0	0
0	0	1	0
0	1	0	0
0	1	1	0
1	0	0	0
1	0	1	0
1	1	0	0
1	1	1	1

表 2.7 最大項 $A + B + C$ の真理値表

A	B	C	X
0	0	0	0
0	0	1	1
0	1	0	1
0	1	1	1
1	0	0	1
1	0	1	1
1	1	0	1
1	1	1	1

　最小項の論理和を**主加法標準形**, 最大項の論理積を**主乗法標準形**と, それぞれ呼ぶ. それぞれの例を以下に記す.

主加法標準形の例： $A \cdot B \cdot C + \overline{A} \cdot B \cdot C + \overline{A} \cdot \overline{B} \cdot C + \overline{A} \cdot B \cdot C$ 　　　　(2.19)

主乗法標準形の例： $(A + B + C) \cdot (A + \overline{B} + C) \cdot (A + \overline{B} + \overline{C}) \cdot (\overline{A} + \overline{B} + \overline{C})$

(2.20)

全ての最小項の論理和は 1 であり, 全ての最大項の論理積は 0 である.

2.2.2 完 備 性

　2 変数の論理関数の種類は表 2.4 に示すように 16 種類ある. 例えば, ②の関数は $A \cdot B$ と表すことができ, さらに⑩の関数は $\overline{A} \cdot \overline{B} + A \cdot B$ と表すことができる. すなわち, 16 種類の関数は全て主加法標準形で表現可能である. ここでは, 詳細を省くが 16 種類の関数を主乗法標準形でも表現可能である. いずれにしても, 16 種類の関数は基本論理関数 $\{\mathrm{AND, OR, NOT}\}$ の組合せで全て表現可能である.

　ここでは, 証明を省略するが, 任意の多変数多出力の論理関数が $\{\mathrm{AND, OR, NOT}\}$ の基本論理関数の組合せで表現可能であり, このことを $\{\mathrm{AND, OR, NOT}\}$ は**完備性**（completeness）を有しているという. また, 真理値表を作成すればわかるように $A + B$ と $\overline{A \cdot B}$ は同じ論理関数を示す. このことは, $\{\mathrm{OR}\}$ は $\{\mathrm{AND, NOT}\}$ で作ることができることを示していて $\{\mathrm{AND, NOT}\}$ も完備性を有していることになる. また, $A \cdot B$ と $\overline{A + B}$ が等価であるから $\{\mathrm{AND}\}$ は $\{\mathrm{OR, NOT}\}$ で作ることができる. よって $\{\mathrm{OR, NOT}\}$ も完備性を有する.

2.2.3 否定論理積, 否定論理和とその完備性

　ここでは, 新たな論理演算を明らかにしておく.

表2.8 否定論理積（NAND）の真理値表　　**表2.9** 否定論理和（NOR）の真理値表

A	B	X
0	0	1
0	1	1
1	0	1
1	1	0

A	B	X
0	0	1
0	1	0
1	0	0
1	1	0

X を2つの変数 A と B の関数とするとき，否定論理積（NAND）の論理式は次式で表す．

$$X = \overline{A \cdot B} \quad \text{または} \quad X = \overline{AB} \tag{2.21}$$

表2.8が否定論理積の真理値表である．

X を2つの変数 A と B の関数とするとき，否定論理和（NOR）の論理式は次式で表す．

$$X = \overline{A + B} \tag{2.22}$$

否定論理和の真理値表を表2.9に示す．

否定論理積のみを用いて $\{AND, OR, NOT\}$ が作れることを示す．論理積，論理和，論理否定は以下のように否定論理積のみで表現できる．

$$A \cdot B = \overline{(\overline{A \cdot B}) \cdot (\overline{A \cdot B})}, \quad A + B = \overline{(\overline{A \cdot A}) \cdot (\overline{B \cdot B})}, \quad \overline{A} = \overline{A \cdot A} \tag{2.23}$$

よって，任意の多変数多出力の論理関数は $\{NAND\}$ のみで表現可能であり，$\{NAND\}$ は完備性を有することになる．

論理積，論理和，論理否定は

$$A \cdot B = \overline{(\overline{A + A}) + (\overline{B + B})}, \quad A + B = \overline{(\overline{A + B}) + (\overline{A + B})}, \quad \overline{A} = \overline{A + A} \tag{2.24}$$

のように否定論理和のみでも表現可能であり，このことから，$\{NOR\}$ も完備性を有している．

2.2.4　多変数論理積と多変数論理和

これまでは論理変数は "A"，"B" の2つのときを考えてきたが，n 個の論理変数 $A_1, A_2, \cdots, A_n$ に対して論理積，論理和を定義可能である．

多変数に対する論理積の論理式は

$$X = A_1 \cdot A_2 \cdot \ \cdots \ \cdot A_n \tag{2.25}$$

となり，変数が全て "1" のときのみ X が "1" となる．

多変数に対する論理和の論理式は

$$X = A_1 + A_2 + \cdots + A_n \tag{2.26}$$

表 2.10 排他的論理和（XOR）の真理値表　　**表 2.11** 否定排他的論理和（XNOR）の真理値表

A	B	X
0	0	0
0	1	1
1	0	1
1	1	0

A	B	X
0	0	1
0	1	0
1	0	0
1	1	1

となり，少なくとも 1 つの変数が "1" のとき X が "1" となる．

2.2.5 排他的論理和と否定排他的論理和

排他的論理和（XOR）

もう一つ重要な論理関数が排他的論理和（exclusive OR）であり，XOR と略する．2 変数 A, B の排他的論理和の真理値表は表 2.10 となり，演算子 $\oplus$ を用いて表される．さらに，$\{\mathrm{AND, OR, NOT}\}$ によって表現される．

$$X = A \oplus B = \overline{A} \cdot B + A \cdot \overline{B} \tag{2.27}$$

排他的論理和を導入しても，XOR が $\{\mathrm{AND, OR, NOT}\}$ で表現可能であるから，すでに説明した完備性になんら影響を与えない．なお多変数に対する排他的論理和は変数が 1 の個数が奇数ならば結果が 1 となる．

否定排他的論理和（XNOR）

論理積に対する否定論理積，論理和に対する否定論理和と同様に，排他的論理和に対して，否定排他的論理和が定義される．

$$X = \overline{A \oplus B} \tag{2.28}$$

真理値表を表 2.11 に示す．

2.3 論理ゲートと論理回路 ──────

基本的な論理演算機能を持つ論理回路を**論理ゲート**（logic gate）という．論理ゲートは United States Military Standard（MIL 規格）が規定した MIL 記法によって図示される．これまで説明してきた基本論理関数の論理ゲートを図 2.1～図 2.10 に示す．

図 2.1 論理積（AND ゲート） 　**図 2.2** 論理和（OR ゲート）　**図 2.3** 論理否定（NOT ゲート）

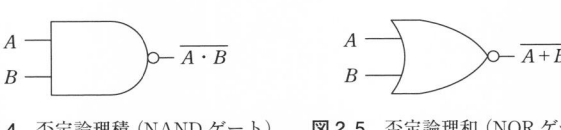

図 2.4 否定論理積（NAND ゲート）   図 2.5 否定論理和（NOR ゲート）

（1） NOR ゲートによる構成   （2） NAND ゲートによる構成

図 2.6 NOT 回路

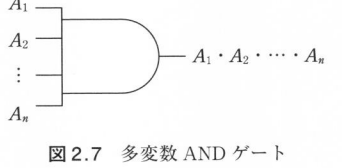

図 2.7 多変数 AND ゲート   図 2.8 多変数 OR ゲート

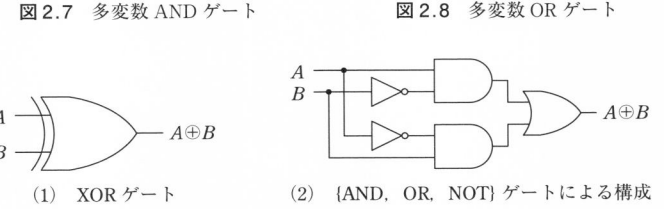

（1） XOR ゲート   （2） {AND, OR, NOT} ゲートによる構成

図 2.9 排他的論理和（XOR）

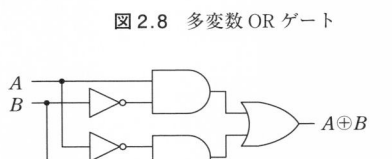

図 2.10 否定排他的論理和（XNOR）

2.3.1 論理回路図の描き方

論理式は論理回路図で描くことが可能であり，論理変数と論理式の値はそれぞれ入力，出力に対応する．論理回路は論理ゲートを相互に接続することによって構成される．

上述したように論理積 $A \cdot B = \overline{(\overline{A \cdot B}) \cdot (\overline{A \cdot B})}$ のように否定論理積のみで表現可能であり，右辺の論理式は NAND ゲートを用いて図 2.11 の論理回路として構成される．

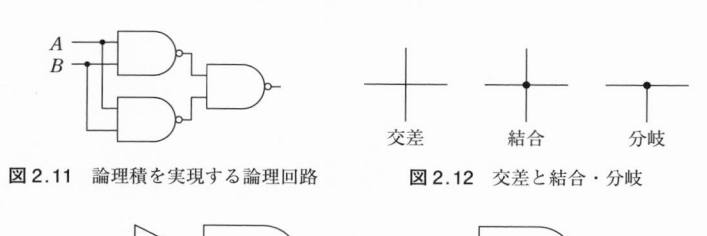

図 2.11 論理積を実現する論理回路　　**図 2.12** 交差と結合・分岐

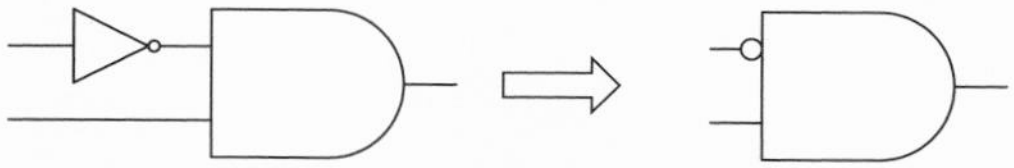

図 2.13 NOT ゲートの簡略化した表記法

　図 2.11 において分岐を黒丸で示している．交差，結合・分岐は図 2.12 のように表記する．

　NOT ゲートをきちんと描く代わりに，簡略化した表現法を用いることも多い．その例を図 2.13 に示す．この方法ではゲートの入力否定を白丸で表すものである．

2.3.2　ド・モルガンの定理

　完備性の説明から，任意の多変数多出力の論理関数が {AND, OR, NOT} の組合せ，{AND, NOT} の組合せ，{OR, NOT} の組合せ，または，{NAND} か {NOR} のみで表現可能であることを説明した．1 つの論理式を {AND, OR, NOT}，{AND, NOT}，{OR, NOT}，{NAND}，{NOR} のいずれかの論理ゲートの組合せで構成できるが，自らが要求する論理ゲートで回路実現するためには論理式の変換が必要である．その変換において重要な定理が**ド・モルガンの定理**（De Morgan's theorem）である．

$$\overline{A \cdot B} = \overline{A} + \overline{B} \tag{2.29}$$

$$\overline{A + B} = \overline{A} \cdot \overline{B} \tag{2.30}$$

の 2 つの関係がド・モルガンの定理である．ド・モルガンの定理が成立することを明らかにするためベン図（Venn diagrams）を用いる．ド・モルガンの定理の第 1 式と第 2 式が成立することが図 2.14 と図 2.15 からわかる．

　第 1 式は「NAND と否定入力 OR」の変換則であり，第 2 式は「NOR と否定入力 AND」の変換則である．この 2 つの関係から，「AND と否定入力 NOR」の変換則，「OR と否定入力 NAND」の変換則が以下のように導かれる．

$$A \cdot B = \overline{\overline{A \cdot B}} = \overline{\overline{A} + \overline{B}} \tag{2.31}$$

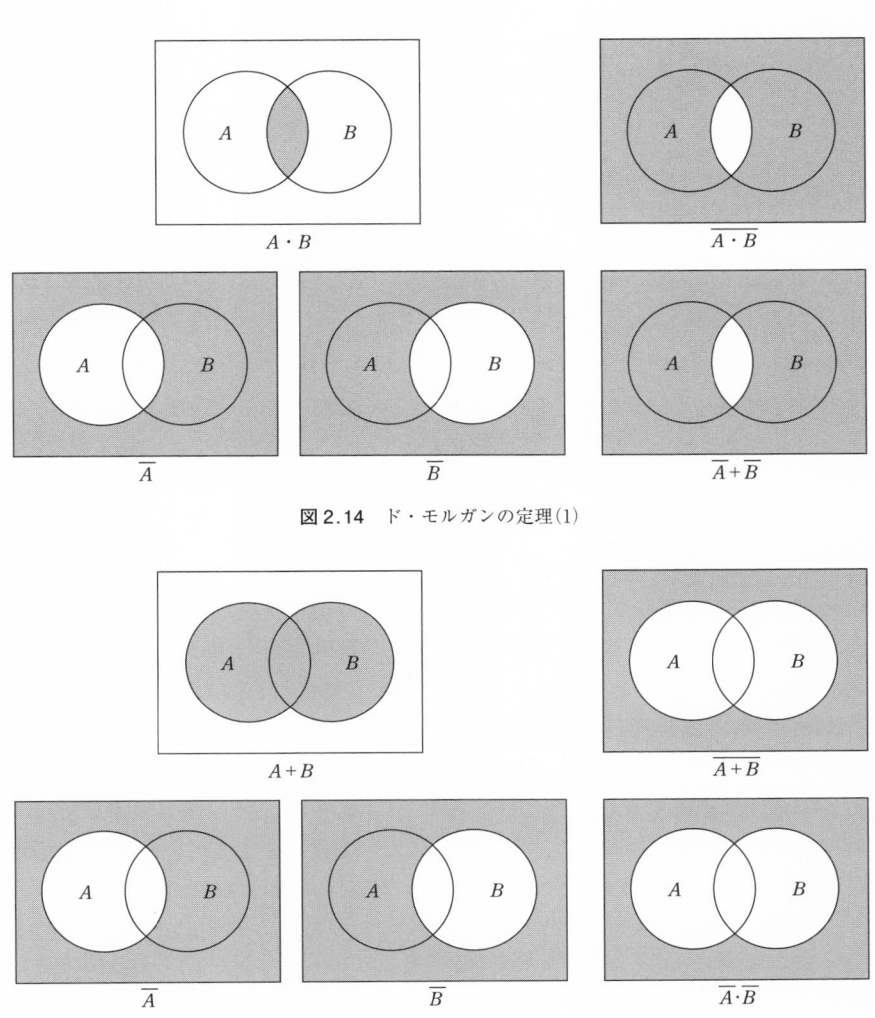

図 2.14　ド・モルガンの定理(1)

図 2.15　ド・モルガンの定理(2)

$$A + B = \overline{\overline{A + B}} = \overline{\overline{A} \cdot \overline{B}} \tag{2.32}$$

2.3.3　回路形式の変換

　完備性の説明から，任意の多変数多出力の論理関数が {AND, OR, NOT} の組合せ，{AND, NOT} の組合せ，{OR, NOT} の組合せ，または，{NAND} か

{NOR} のみで表現可能である．ここでは，乗法標準形で表された論理式を NOR ゲートのみで，加法標準形で表される論理式を NAND ゲートのみで表現する．最後に乗法標準形と加法標準形との相互変換則を明らかにする．

乗法標準形の NOR ゲートのみでの実現

次の乗法標準形で表される論理式を考える．

$$X = (A + B) \cdot (B + C) \tag{2.33}$$

乗法標準形では入力はまず OR ゲートに入り，OR ゲートの出力が AND ゲートに入り X が出力される．

この論理式を二重否定し，ド・モルガンの定理を適用することで NOR ゲートのみで実現できる論理式が導出される．

$$X = \overline{\overline{(A + B) \cdot (B + C)}} = \overline{\overline{(A + B)} + \overline{(B + C)}} \tag{2.34}$$

回路図は図 2.16 となる．

加法標準形の NAND ゲートのみでの実現

次の加法標準形で表される論理式を考える．

$$X = A \cdot B + B \cdot C \tag{2.35}$$

加法標準形では入力はまず AND ゲートに入り，AND ゲートの出力が OR ゲートに入り X が出力される．

この論理式を二重否定し，ド・モルガンの定理を適用することで NAND ゲートのみで実現できる論理式が導出される．

$$X = \overline{\overline{A \cdot B + B \cdot C}} = \overline{\overline{A \cdot B} \cdot \overline{B \cdot C}} \tag{2.36}$$

回路図は図 2.17 のように NAND ゲートのみで実現できる．

乗法標準形と加法標準形との相互変換則

乗法標準形は NOR ゲートのみで，加法標準形は NAND ゲートのみで実現できることを明らかにした．仮に，乗法標準形と加法標準形の相互変換が可能であれば，乗法標準形を NAND ゲートのみで，加法標準形を NOR ゲートのみで

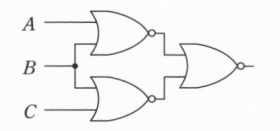

図 2.16 $(A + B) \cdot (B + C)$ の NOR ゲートのみでの実現

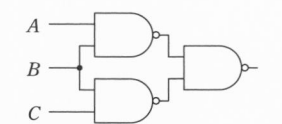

図 2.17 $A \cdot B + B \cdot C$ の NAND ゲートのみでの実現

表 2.12　$A \cdot B + B \cdot C$ の真理値表

A	B	C	X
0	0	0	0
0	0	1	0
0	1	0	0
0	1	1	1
1	0	0	0
1	0	1	0
1	1	0	1
1	1	1	1

実現可能となる. すなわち, 乗法標準形と加法標準形の相互変換則を理解できれば, 任意の論理式を NOR ゲートまたは NAND ゲートのみで構成することができる.

　乗法標準形から加法標準形への変換は容易である. 乗法標準形においては論理式を展開することで加法標準形に変換される. 一例を以下に示す.

$$X = (A + B) \cdot (B + C) = AB + AC + B + BC \tag{2.37}$$

　加法標準形から乗法標準形への変換は容易ではない. 加法標準形で示された論理式 $X = A \cdot B + B \cdot C$ を乗法標準形に変換する例を通じて変換法を与える.

　$X = A \cdot B + B \cdot C$ の真理値表を表 2.12 に示す. 「①真理値表において $X = 0$ となる論理式 $\overline{X}$ を加法標準形で求める」と

$$\overline{X} = \overline{A} \cdot \overline{B} \cdot \overline{C} + \overline{A} \cdot \overline{B} \cdot C + \overline{A} \cdot B \cdot \overline{C} + A \cdot \overline{B} \cdot \overline{C} + A \cdot \overline{B} \cdot C \tag{2.38}$$

となる. 「②両辺に否定」をとれば

$$\overline{\overline{X}} = X = \overline{\overline{A} \cdot \overline{B} \cdot \overline{C} + \overline{A} \cdot \overline{B} \cdot C + \overline{A} \cdot B \cdot \overline{C} + A \cdot \overline{B} \cdot \overline{C} + A \cdot \overline{B} \cdot C}$$

となり, 「③ド・モルガンの定理を適用する」と

$$
\begin{aligned}
X &= \overline{\overline{A} \cdot \overline{B} \cdot \overline{C} + \overline{A} \cdot \overline{B} \cdot C + \overline{A} \cdot B \cdot \overline{C} + A \cdot \overline{B} \cdot \overline{C} + A \cdot \overline{B} \cdot C} \\
&= (\overline{\overline{A} \cdot \overline{B} \cdot \overline{C}}) \cdot (\overline{\overline{A} \cdot \overline{B} \cdot C}) \cdot (\overline{\overline{A} \cdot B \cdot \overline{C}}) \cdot (\overline{A \cdot \overline{B} \cdot \overline{C}}) \cdot (\overline{A \cdot \overline{B} \cdot C}) \\
&= (A + B + C) \cdot (A + B + \overline{C}) \cdot (A + \overline{B} + C) \cdot (\overline{A} + B + C) \cdot (\overline{A} + B + \overline{C})
\end{aligned}
\tag{2.39}
$$

となり乗法標準形に変換される.

　以上により, 加法標準形と乗法標準形は相互変換可能であることがわかる.

演習問題 ━━━━━━

2.1 論理式 $X = (A + B) \cdot (A + C) \cdot (\overline{A} + \overline{C})$ の真理値表を作成せよ.

2.2 下記の論理式 X をブール代数の公理と定理を利用して簡略化せよ.

(1) $X = A \cdot C + \overline{A} \cdot B \cdot C + A \cdot \overline{C} + \overline{A} \cdot B \cdot \overline{C}$

(2) $X = (A + B + C) \cdot (\overline{A} + B + C) \cdot (A + \overline{B} + C) \cdot (A + B + \overline{C})$

2.3 次の論理式に相当する論理回路図を描け.

(1) $A \cdot \overline{B} + A \cdot C$

(2) $A \cdot (B + C) + \overline{B} \cdot C$

2.4 論理式 $X = \overline{A} \cdot B + A \cdot C$ について以下の問いに答えよ.

(1) 真理値表を作成せよ.

(2) $\overline{X}$ を加法標準形で表現せよ.

(3) (2)で求めた $\overline{X}$ をド・モルガンの定理を用いて乗法標準形に変換せよ.

(4) {AND, OR, NOT} ゲートによって構成せよ.

(5) NOR ゲートのみで構成せよ.

2.5 論理式 $X = (A + B) \cdot (B + C)$ を NAND ゲートのみで構成せよ.

3　組合せ回路の設計

　ここでは，指定された入出力関係を満たす論理回路の設計法を学ぶ．ここで扱う論理回路は記憶回路を伴わないことから過去の入力情報の影響を受けない論理回路であり，組合せ回路という．第2章で学んだように同じ入出力関係を満たす組合せ回路は複数存在するが，論理ゲートの数や配線数の少ない回路を構成するためには論理式を簡略化する必要があり，その方法について学ぶことが主目的となる．

3.1　組合せ回路と順序回路

　論理回路は，**組合せ回路**（combinational circuit）と**順序回路**（sequential circuit）に大別できる．

　組合せ回路の出力はそのときの入力の状態のみで決定される回路である．これは出力が以前の動作に依存しないことを意味している．代表的な組合せ回路は加算器，減算器，デコーダ，エンコーダ，マルチプレクサ，デマルチプレクサ等で，それら回路については第4章で説明する．

　順序回路は図3.1に示されるように，組合せ回路と記憶回路とで構成される．順序回路は記憶回路によって内部状態を保持（記憶）し，その状態が取得時の入力信号と共に出力の決定に関わる．記憶機能を実現するフリップフロップに関しては第5章で，順序回路の設計法については第6章で学ぶ．代表的な順序回路として，カウンタとレジスタについて第7章で説明する．

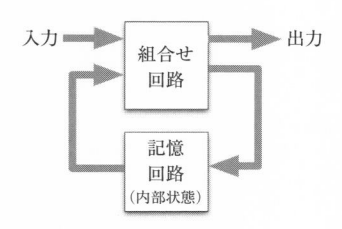

図3.1　順序回路

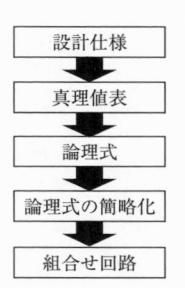

図3.2 組合せ回路の設計手順

3.2 組合せ回路の設計法 ─────────

組合せ回路を設計する手順を図3.2に示す.

設計にあたり,「①設計仕様」を与える必要がある.設計仕様は入力と出力の関係で示され,よって,設計仕様は「②真理値表」で示される.真理値表から「③主加法標準形や主乗法標準形の論理式」を導くことができる.論理ゲート数や配線の少ない論理回路を構成するためには,「④論理式の簡略化」が要求される.そして,簡略化された論理式を回路実現することで「⑤組合せ回路」が得られる.

真理値表からの論理式の導出法,論理式からの回路実現法に関しては第2章で学んでいるので,以下では主に論理式の簡略化について説明を行う.

3.3 カルノー図による論理式の簡略化 ─────────

第2章では論理式をベン図を用いて図示したが,変数の数が増えて複雑な論理式になると,ベン図では表しにくい.そこで,ベン図に代わって**カルノー図**(Karnaugh map)などが考案された.以下では2変数,3変数,4変数の場合のカルノー図を明らかにする.

3.3.1 カルノー図

2変数(*A*と*B*)の場合

2変数のカルノー図を図3.3に示す.2変数の場合,とりうる場合の数は4つであり,カルノー図では4つのコマができ,それぞれのコマは2変数の論理の最小項に対応する.そして,カルノー図の$(0,1)$と4つの最小項の対応は$\overline{A}\,\overline{B}$↔00,$\overline{A}B$↔01,$A\overline{B}$↔10,$AB$↔11となる.なお,コマのことを以下では区画と呼

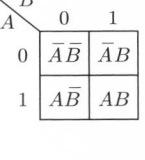

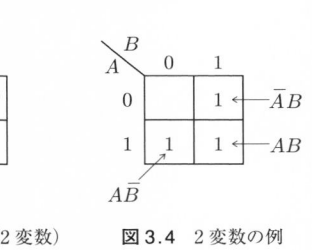

図3.3 カルノー図（2変数）　　図3.4 2変数の例

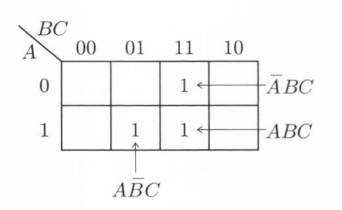

図3.5 カルノー図（3変数）

図3.6 3変数の例

ぶ.

　例えば，$AB + A\overline{B} + \overline{A}B$ をカルノー図に記したものが図3.4である.

3変数（A, B, C）の場合

　3変数のカルノー図を図3.5に示す．上欄の B と C の2変数でできる4論理が示される．論理の順番が 00, 01, 10, 11 ではなく 00, 01, 11, 10 になっている．すなわち，情報理論で用いるハミング距離を用いると隣り合う論理間の距離を1とすることに注意されたい．4変数以上のカルノー図においても隣り合う論理間のハミング距離を1にする必要がある.

　ここでは，3変数の論理式 $ABC + A\overline{B}C + \overline{A}BC$ の場合について図3.6に示した.

4変数（A, B, C, D）の場合

　4変数のカルノー図を図3.7に示す．行と列に2変数の論理が割り振られ，各区画は，4変数論理の1つの最小項に対応する.

3.3.2　論理式からのカルノー図の作成

　ここでは，論理式が与えられたときのカルノー図の作成方法について説明を行う．第2章で学んだように論理式は加法標準形と乗法標準形の2つの記述の仕方がある．以下では3変数の場合を例に説明を行う.

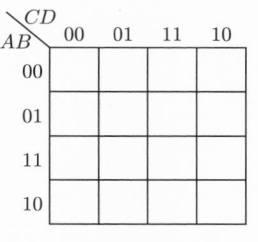

図 3.7　カルノー図（4変数）

加法標準形

　カルノー図の各区画は主加法標準形の最小項に対応している．主加法標準形でなく加法標準形で与えられた場合，主加法標準形に展開する必要がある．例えば，$ABC + AB\overline{C} + \overline{A}\,\overline{B}$は，

$$ABC + AB\overline{C} + \overline{A}\,\overline{B} = ABC + AB\overline{C} + \overline{A}\,\overline{B}(C + \overline{C}) = ABC + AB\overline{C} + \overline{A}\,\overline{B}C + \overline{A}\,\overline{B}\,\overline{C}$$

$$(3.1)$$

とすることでカルノー図が作成される（図 3.8）．

乗法標準形

　乗法標準形で示された場合は，加法標準形に変換し主加法標準形に展開することで，カルノー図を得ることができる．すでに 2.3 節で説明したように，乗法標準形から加法標準形への変換は容易であり，例えば，

$$(A + B) \cdot (\overline{A} + \overline{B}) = A\overline{B} + \overline{A}B \qquad (3.2)$$

のように加法標準形に変換できる．そして，以下のように主加法標準形に展開される．

$$A\overline{B} + \overline{A}B = A\overline{B}C + A\overline{B}\,\overline{C} + \overline{A}BC + \overline{A}B\overline{C} \qquad (3.3)$$

　乗法標準形から直接カルノー図を導く方法もある．この場合，出力の 0 を求める手続きとなる．$(A + B) \cdot (\overline{A} + \overline{B})$ における第 1 項の $(A + B)$ は $A = B = 0$ と

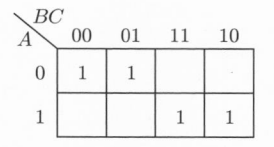

図 3.8　カルノー図の作成

表3.1 乗法標準形からのカルノー図の作成

A	B	C	X	
0	0	0	0	⎫
0	0	1	0	⎬ $A+B$ に対応する出力 0 の項
0	1	0	1	
0	1	1	1	
1	0	0	1	
1	0	1	1	
1	1	0	0	⎫
1	1	1	0	⎬ $\overline{A}+\overline{B}$ に対応する出力 0 の項

なる出力を 0 とする. すなわち, 真理値表において $(A, B, C) = (0, 0, 0)$, $(0, 0, 1)$における出力を 0 とする. 同様に第 2 項からは $A = B = 1$ となる $(A, B, C) = (1, 1, 0)$, $(1, 1, 1)$における出力を 0 とする. 残った論理項を 1 とすればカルノー図が完成する (表3.1 を参照のこと).

3.3.3 カルノー図による論理式の簡略化

カルノー図上で区画の結合を行うことで論理式の簡略化が行われる. ここでは, 3 変数の場合を例に説明を行う.

区画の結合は横または縦に隣接した区画で行われる. 図3.9 に区画の結合数が 2 の場合のいくつかの例を示す. 図3.9 (a) が横方向の, 図3.9 (b) が縦方向の結合の例を示している. 図3.9 (a) の結合を論理式で示せば,

$$\overline{A}\overline{B}\overline{C} + \overline{A}\overline{B}C = \overline{A}\overline{B}(C + \overline{C}) = \overline{A}\overline{B} \qquad (3.4)$$

となり, 横方向の結合では $C + \overline{C} = 1$ または $B + \overline{B} = 1$ により論理式を簡略化することを意味する. 次に, 図3.9 (b) の結合を論理式で示せば,

$$\overline{A}\overline{B}\overline{C} + A\overline{B}\overline{C} = (A + \overline{A})\overline{B}\overline{C} = \overline{B}\overline{C} \qquad (3.5)$$

となる. 縦方向の結合では $A + \overline{A} = 1$ を利用して論理式を簡略化することを意味する.

図3.9 (c) が注意すべき場合である. 3 変数の場合, $00 \rightarrow 01 \rightarrow 11 \rightarrow 10 \rightarrow 00 \rightarrow 01 \rightarrow \cdots$ のようにカルノー図の右辺と左辺はつながっていることから, 図3.9 (c) の結合が実現する. 論理式上では,

$$\overline{A}\overline{B}\overline{C} + \overline{A}B\overline{C} = (B + \overline{B})\overline{A}\overline{C} = \overline{A}\overline{C} \qquad (3.6)$$

となり, この場合は $B + \overline{B} = 1$ を利用して簡略を図ることを意味している.

なお, 4 変数のカルノー図 (図3.7) においては右辺と左辺のみならず上辺と

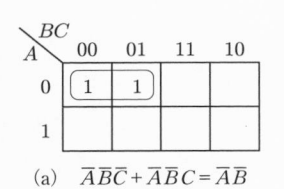
(a) $\overline{A}\overline{B}\overline{C} + \overline{A}\overline{B}C = \overline{A}\overline{B}$

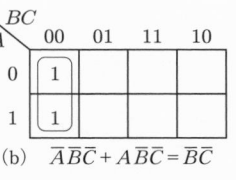
(b) $\overline{A}\overline{B}\overline{C} + A\overline{B}\overline{C} = \overline{B}\overline{C}$

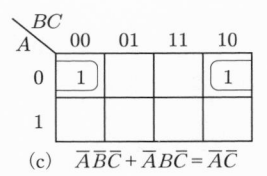
(c) $\overline{A}\overline{B}\overline{C} + \overline{A}B\overline{C} = \overline{A}\overline{C}$

図 3.9 区画の結合（2 区画）

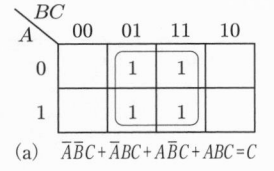
(a) $\overline{A}\overline{B}C + \overline{A}BC + A\overline{B}C + ABC = C$

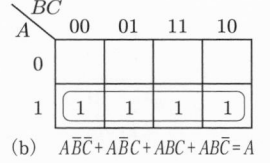
(b) $A\overline{B}\overline{C} + A\overline{B}C + ABC + AB\overline{C} = A$

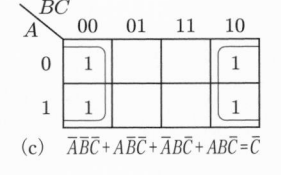
(c) $\overline{A}\overline{B}\overline{C} + A\overline{B}\overline{C} + \overline{A}B\overline{C} + AB\overline{C} = \overline{C}$

図 3.10 区画の結合（4 区画）

下辺もつながっていることを考慮して区画の結合を行う必要がある.

次に区画の結合数が 4 の場合の例を図 3.10 に示している. 結合数が 4 つの場合もカルノー図の右辺と左辺がつながっていることに留意することが必要であり, 図 3.10（c）がカルノー図の右辺と左辺がつながっていることを利用した結合の例である.

次に, 結合のあり方について例を通じて説明を行う. 図 3.11 の例にはいくつかの結合が考えられる.

図 3.11（a）で示された論理式を最小項を用いて主加法標準形で表現すれば,
$$A\overline{B}\overline{C} + A\overline{B}C + ABC + \overline{A}BC + \overline{A}B\overline{C} \tag{3.7}$$
となる. この場合, 3 入力の AND ゲートが 5 個, 5 入力の OR ゲートが 1 個, NOT ゲートが 3 個必要である. 図 3.11（b）のように 2 区画結合を原則として簡略すれば,
$$A\overline{B}\overline{C} + AC + \overline{A}C \tag{3.8}$$
となり, この場合, 3 入力の AND ゲートが 1 個, 2 入力の AND ゲートが 2 個, 3 入力の OR ゲートが 1 個, NOT ゲートが 3 個必要である. 図 3.11（c）のように 4 区画結合と結合に重複がないようにすれば,
$$A\overline{B}\overline{C} + C \tag{3.9}$$
となる. この場合は 3 入力の AND ゲートが 1 個, 2 入力の OR ゲートが 1 個,

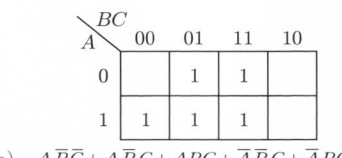

(a) $A\overline{B}\overline{C}+A\overline{B}C+ABC+\overline{A}\,\overline{B}C+\overline{A}BC$

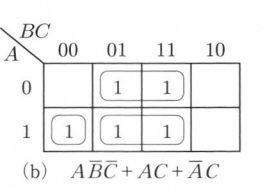

(b) $A\overline{B}\overline{C}+AC+\overline{A}C$

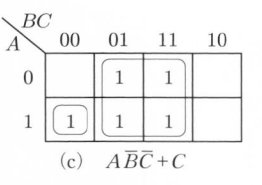

(c) $A\overline{B}\overline{C}+C$

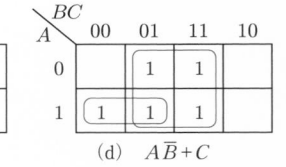

(d) $A\overline{B}+C$

図 3.11 適切な区画の結合方法

そして NOT ゲートが 2 個必要である．結合に一部の重複を許しながら，できるだけ大きく囲うことを考えた場合が図 3.11（d）であり，論理式は

$$A\overline{B}+C \qquad\qquad (3.10)$$

と簡略化される．この場合は 2 入力の AND ゲートが 1 個，2 入力の OR ゲートが 1 個，そして NOT ゲートが 1 個必要である．論理式の簡略化は論理ゲート数や配線量を少なくすることが条件となり，図 3.11（d）の簡略化が一番優れていることがわかる．

　以上から，3 変数のカルノー図を用いた論理式の簡略手続きを以下に示す．

①カルノー図の全ての区画が 1 でなければ 4 区画の結合が最大となり，4 区画の結合が可能な部分があったら結合を行う．

②4 区画結合に 1 区画の重複を許した上で 2 区画の結合を行う．

③残ったものは 1 区画のままとする．

　なお，4 変数の場合は全ての区画が 1 でない場合は，最大 8 区画の結合まで可能であることから，8 区画，4 区画，2 区画の順で結合可能な箇所を探すことになる．

3.3.4 具体的な設計例

　カルノー図を用いた組合せ回路の設計手続きの具体例を 4 変数の場合に対して示す．図 3.2 にあるように設計仕様は真理値表として定める．ここでは，表 3.2 の真理値表で示された設計仕様を満たす組合せ回路を設計する．論理回路

は NAND ゲートのみを用いて構成する場合と NOR ゲートのみを用いて構成する場合の２つの場合を考える．論理回路を NAND ゲートまたは NOR ゲートのみで構成する理由として，① 8.2 節で述べるように AND 回路や OR 回路に関しては簡潔で特性の優れた回路を CMOS で構成できないことから NAND ゲート，NOR ゲートが用いられる．② １つのゲートのみを使用することは部品の調達が簡単で，余剰ゲートを生じることもなく，ゲート調達上でもコスト的に有利になること等があげられる．

NAND ゲートでの構成

手順１ 主加法標準形での表現

出力 $X=1$ となっている入力に着目する．そのときの，入力変数の論理積（最小項）をつくる．なお，入力が "0" に対しては入力変数の否定をとる．それら最小項の和によって論理式が構成される．よって，表 3.2 の真理値表から主加法標準形の論理式が次のように与えられる．

$$X = \overline{A}\overline{B}CD + \overline{A}BCD + A\overline{B}CD + AB\overline{C}\overline{D} + AB\overline{C}D + ABCD \quad (3.11)$$

手順２ カルノー図の作成と簡略化

求まった主加法標準形の論理式の各項がカルノー図の区画に対応することから，図 3.12（a）のカルノー図が得られる．４変数の場合は全ての区画が１でない場合は，最大８区画での結合が可能であるが，図 3.12（a）では８区画での結合の箇所はない．次に，４区画での結合が可能な箇所を見つけ，その後，２区画での結合が可能な箇所を見つける．結合結果は図 3.12（b）となる．この結果から簡略された論理式は

$$X = CD + AB\overline{C} \quad (3.12)$$

となる．

手順３ 論理回路の構成

手順２で得られた簡略化された論理式 X を二重否定してド・モルガンの定理を適用すれば

$$X = \overline{\overline{CD + AB\overline{C}}} = \overline{\overline{(CD)} \cdot \overline{(AB\overline{C})}} \quad (3.13)$$

となる．この回路図は図 3.13 に示されるように NAND ゲートのみを用いて構成される．

表3.2　入出力条件の真理値表
　　　　（設計仕様）

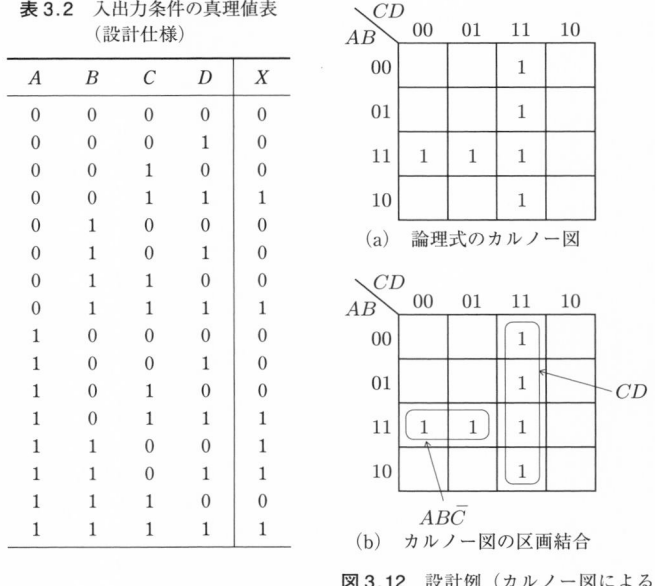

A	B	C	D	X
0	0	0	0	0
0	0	0	1	0
0	0	1	0	0
0	0	1	1	1
0	1	0	0	0
0	1	0	1	0
0	1	1	0	0
0	1	1	1	1
1	0	0	0	0
1	0	0	1	0
1	0	1	0	0
1	0	1	1	1
1	1	0	0	1
1	1	0	1	1
1	1	1	0	0
1	1	1	1	1

（a）論理式のカルノー図

（b）カルノー図の区画結合

図3.12　設計例（カルノー図による
　　　　　簡略化）

NORゲートでの構成

手順1　$\overline{X}$ の主加法標準形での表現

　NORゲートのみで構成するためには乗法標準形で論理式を示す必要がある．2.3節で示したように，まずは，出力の否定（$\overline{X}$）を主加法標準形で示す．出力 $X = 0$ となっている入力に着目し，入力変数の論理積（最小項）をつくる．その論理和を求めることで出力の否定（$\overline{X}$）を主加法標準形を得る．表3.2に適用すれば，

$$\overline{X} = \overline{A}\,\overline{B}\,\overline{C}\,\overline{D} + \overline{A}\,\overline{B}\,\overline{C}D + \overline{A}\,\overline{B}C\overline{D} + \overline{A}B\overline{C}\,\overline{D} + \overline{A}B\overline{C}D$$
$$+ \overline{A}BC\overline{D} + A\overline{B}\,\overline{C}\,\overline{D} + A\overline{B}\overline{C}D + A\overline{B}C\overline{D} + ABC\overline{D} \qquad (3.14)$$

となる．

手順2　カルノー図の作成と簡略化

　出力の否定（$\overline{X}$）の主加法標準形に対するカルノー図を作成し，区画の結合を図る．その結果を図3.14に示す．簡略化された論理式は次のように与えられ

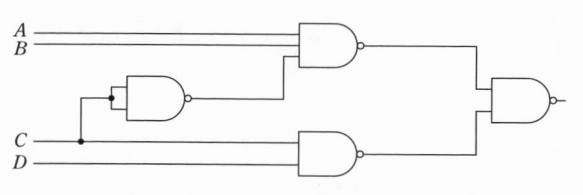

図 3.13　NAND ゲートのみでの構成

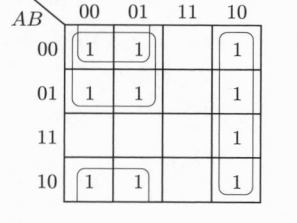

図 3.14　カルノー図による論理
式の簡略化

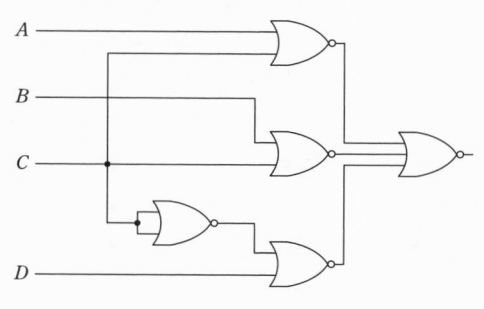

図 3.15　NOR ゲートのみでの構成

る.

$$\overline{X} = \overline{A}\,\overline{C} + \overline{B}\,\overline{C} + C\overline{D} \tag{3.15}$$

手順 3　加法標準形から乗法標準形への変換

出力の否定（$\overline{X}$）に対して否定をとり，ド・モルガンの定理を適用する.

$$\overline{\overline{X}} = X = \overline{\overline{A}\,\overline{C} + \overline{B}\,\overline{C} + C\overline{D}} = \overline{\overline{A}\,\overline{C}} \cdot \overline{\overline{B}\,\overline{C}} \cdot \overline{C\overline{D}} = (A+C)\cdot(B+C)\cdot(\overline{C}+D) \tag{3.16}$$

手順 4　論理回路の構成

乗法標準形で示された論理式を二重否定し，ド・モルガンの定理を適用すると，NOR ゲートのみの回路が得られる.

$$X = \overline{\overline{(A+C)\cdot(B+C)\cdot(\overline{C}+D)}} = \overline{\overline{(A+C)} + \overline{(B+C)} + \overline{(\overline{C}+D)}} \tag{3.17}$$

この回路図を図 3.15 に示す.

3.4　クワイン-マクラスキー法による論理式の簡略化 ──────

3.3節ではカルノー図による論理式の簡略化について説明したが，入力数が5程度までしか使えない．また，アルゴリズム化できないため，コンピュータによる自動化に適していない．コンピュータによる自動化に優れた方法が**クワイン-マクラスキー法**（Quine-McCluskey algorithm）であり，真理値表から得られた論理式の最も簡単な簡略式を確実に求めることができる．

3.4.1　クワイン-マクラスキー法の処理手続き

クワイン-マクラスキー法による論理式の簡略化は**主項**（prime implicants）を求めて，さらに，その主項から**必須項**（essential prime implicants）を求める2段階の手続きを踏む．まず，主項の求め方について説明を行う．

手順1-1　与えられた論理式を主加法標準形で表す．

手順1-2　最小項を2進数で表現する．そのままの変数は1で，否定は0で表す．

手順1-3　加法標準形の各項（最小項）を圧縮表の左端に書く．最小項は2進数に変換したときの1の数が少ないグループから多いグループに上から下へと並べる．

手順1-4　隣り合うグループの要素を全ての組合せについて比較し，論理的に隣接性があるもの（ハミング距離が1）を対として1つの論理式で表す．論理的な隣接性で1つの論理式にまとめる（圧縮する）とは，例えば，$AB + A\bar{B} = A$ を指す．この場合，可能な組合せ全てについて圧縮を行う．そのため，最小項よりも第1次圧縮の方が項数が増えることがある．圧縮できない場合は，その最小項は四角で囲む．

手順1-5　次に，同じように第2次圧縮を行う．第2次圧縮以降では，同一の項が現れるのでその冗長を除く必要がある．ここでも，圧縮できない項は四角で囲む．

手順1-6　全ての項が圧縮できなくなるまで，同じことを繰り返す．

この段階で四角で囲まれた項が主項であり，その論理和によって簡略化された論理式を得ることができるが，さらに，その論理式を構成する項の冗長性をチェックして最も簡略化された論理式を求めるため主項表を作成する．主項表の作成と必須項の抽出手順を次に示す．

手順2-1　表の左端の列に，圧縮表で求めた主項を書く．そして，上端の行

には最小項を書く．この表により，主項と最小項の関係を調べる．

手順 2-2　最小項を包含する主項に○印をつける．各最小項は少なくとも 1 つは○印が付き，多くの主項に包含されていることもある．

手順 2-3　それぞれの最小項のうち，○印が 1 つのものは◎印に変更する．この◎印が付いた主項は必須項になり，その必須項に関わる○印を全て◎に変更する．

手順 2-4　主項の中で必要のないもの（○印のみ）があれば，それを省いて，最も簡略化された論理式を得る．

3.4.2　クワイン-マクラスキー法による論理式の簡略化

3.4.1 項で示した手続きに従い，3.3.4 項で用いた論理式

$$X = \overline{A}\,\overline{B}CD + \overline{A}BCD + A\overline{B}CD + AB\overline{C}\,\overline{D} + AB\overline{C}D + ABCD \quad (3.18)$$

の簡略化を行う．

圧縮表を用いて手順 1-1～手順 1-6 を適用した結果を表 3.3 に示す．表 3.3 で四角で囲まれた項が主項であり，その結果，簡略化された論理式

$$X = CD + AB\overline{C} + ABD \quad (3.19)$$

が得られる．

次に主項表を作成する．作成した表 3.4 の主項表を用いて手順 2-1～手順 2-4 に従い主項の冗長性をチェックする．

手順 1-1～手順 1-6 において得られた主項において ABD の項は必須項ではないことがわかり，よって，論理式の最も簡略化した結果は

$$X = CD + AB\overline{C} \quad (3.20)$$

となる．

表 3.3　圧縮表（クワイン-マクラスキー法）

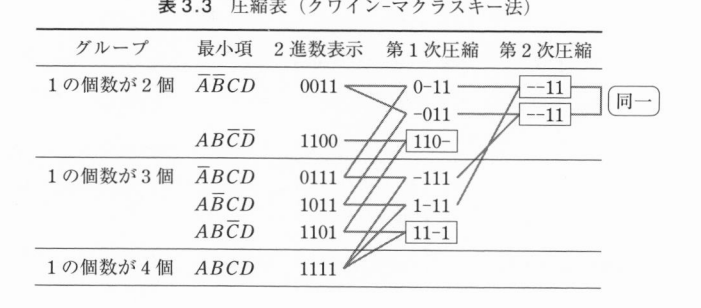

表3.4　主項表（クワイン-マクラスキー法）

主　項	最小項					
	$\overline{A}BCD$	$AB\overline{C}D$	$\overline{A}BCD$	$A\overline{B}CD$	$AB\overline{C}D$	$ABCD$
CD	◎		◎	◎		◎
$AB\overline{C}$		◎			◎	
ABD					○	○

　クワイン-マクラスキー法の利点は論理式の変数が増えても最も簡潔な論理式を確実に求めることができるアルゴリズムになっていることで，5変数の論理式に対する例題を以下に示す．

例題 3.1　5変数からなる論理式の簡略化
$$\overline{A}BCDE + \overline{A}BCD\overline{E} + \overline{A}B\overline{C}DE + \overline{A}B\overline{C}D\overline{E} + \overline{A}\overline{B}CD\overline{E}$$
$$+ \overline{A}\overline{B}CDE + \overline{A}BC\overline{D}E + A\overline{B}C\overline{D}\overline{E} + A\overline{B}CD\overline{E} + A\overline{B}CDE \qquad (3.21)$$
の簡略化をクワイン-マクラスキー法を用いて行え．

解答　圧縮表を作成する（表3.5）．その結果，簡略化された論理式
$$\overline{A}BC\overline{D}E + \overline{A}\overline{B}\overline{E} + \overline{A}\overline{B}D + \overline{B}C\overline{E} + \overline{B}CD \qquad (3.22)$$
が導かれる．

　次に主項表を作成し，必須項を明らかにする．表3.6の主項表から，冗長な主項はなく，結局，$\overline{A}BC\overline{D}E + \overline{A}\overline{B}\overline{E} + \overline{A}\overline{B}D + \overline{B}C\overline{E} + \overline{B}CD$ が最も簡略化された論理式となる．

3.5　ドントケアのある場合の簡略化
3.5.1　ドントケア
　入力の表現方法によっては，絶対に入力されない組合せが生じる場合がある．この絶対に入力されない組合せに対応する出力は自由に設定してよい（"0"でも"1"でもよい）．これを**ドントケア**（don't care）と呼ぶ．

　例えば，表3.7に示すように，入力が0～2の3つの値で定義されている場合，その入力を2進数で表現すれば2ビット必要であり4つの値が定義可能である．よって，4つ定義される2進数から，3つの値が入力に割り当てられ，残り1つの2ビット2進数は入力が割り当てられない．表3.7では2進数入力

表 3.5 圧縮表（例題 3.1）

グループ	最小項	2進数表示	第1次圧縮	第2次圧縮	
1の個数が0個	$\bar{A}\bar{B}\bar{C}\bar{D}\bar{E}$	00000	000-0 00-00	00--0 00--0	同一
1の個数が1個	$\bar{A}\bar{B}\bar{C}D\bar{E}$	00010	0001- 00-10	00-1- 00-1-	同一
	$\bar{A}\bar{B}C\bar{D}\bar{E}$	00100	001-0 -0100	-01-0 -01-0	同一
1の個数が2個	$\bar{A}\bar{B}\bar{C}DE$	00011	00-11	-011- -011-	同一
	$\bar{A}\bar{B}CD\bar{E}$	00110	0011-		
	$A\bar{B}\bar{C}\bar{D}\bar{E}$	10100	-0110 101-0		
1の個数が3個	$\bar{A}\bar{B}CDE$	00111	-0111		
	$\bar{A}B\bar{C}DE$	01101	1011-		
	$A\bar{B}CD\bar{E}$	10110			
1の個数が4個	$A\bar{B}CDE$	10111			

表 3.6 主項表（例題 3.1）

主項	最小項									
	$\bar{A}\bar{B}\bar{C}D\bar{E}$	$\bar{A}\bar{B}\bar{C}DE$	$\bar{A}\bar{B}CDE$	$\bar{A}B\bar{C}D\bar{E}$	$\bar{A}B\bar{C}DE$	$\bar{A}BCDE$	$A\bar{B}\bar{C}\bar{D}\bar{E}$	$A\bar{B}\bar{C}DE$	$A\bar{B}CD\bar{E}$	$A\bar{B}CDE$
$\bar{A}B\bar{C}D\bar{E}$							◎			
$\bar{A}\bar{B}\bar{E}$	◎	◎		◎	◎					
$\bar{A}\bar{B}D$		◎	◎		◎	◎				
$\bar{B}C\bar{E}$				◎	◎			◎	◎	
$\bar{B}CD$					◎	◎			◎	◎

表 3.7 ドントケアのある入出力関係

入力（10進数）	入力（2進数）	出力（10進数）
0	00	0
1	01	1
2	10	0
—	11	0でも1でもOK

"11" は絶対に入力されない組合せであり，その 2 ビット 2 進数に対する出力は
"0" でも "1" でもよいことになる．

3.5.2 カルノー図によるドントケアがある入出力関係の論理式導出

ここでは，ドントケアを含む設計仕様として表 3.8 の真理値表が与えられた

ときの簡略化された論理式をカルノー図を用いて導出する.

　ドントケアを「＊」としてカルノー図を作成したものが図 3.16 である．カ
ルノー図上での区画の結合は「＊」を"1"と見たときに4区画の結合が可能な
ものを見つける．図 3.16 では入力 $ABC\overline{D}$ の出力がドントケアであるが，その
出力を"1"と見なすことで2つの4区画結合で全ての出力"1"の項を網羅す
る．入力 $\overline{A}\overline{B}CD$ の出力もドントケアであるが，他の区画の結合に役立たない
ため，そのままとする．よって，簡略化された論理式が

$$X = AB + CD$$

となる.

3.5.3　クワイン–マクラスキー法によるドントケアがある入出力関係の論理式導出

　ここでも表 3.8 を実現する最も簡略化された論理式をクワイン–マクラスキー
法を用いて求める.

　加法標準形の各項（最小項）を圧縮表の左端に書く．このとき，ドントケア

表 3.8　入出力条件の真理値表（設計仕様）

A	B	C	D	X
0	0	0	0	0
0	0	0	1	＊
0	0	1	0	0
0	0	1	1	1
0	1	0	0	0
0	1	0	1	0
0	1	1	0	0
0	1	1	1	1
1	0	0	0	0
1	0	0	1	0
1	0	1	0	0
1	0	1	1	1
1	1	0	0	1
1	1	0	1	1
1	1	1	0	＊
1	1	1	1	1

＊：ドントケア

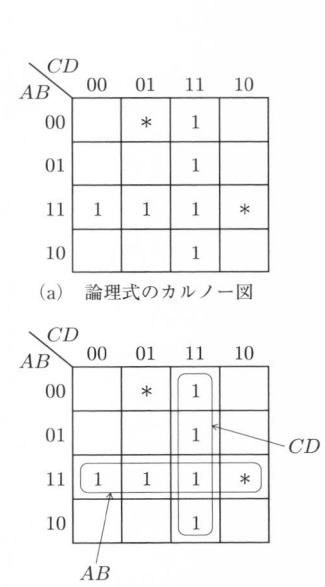

（a）　論理式のカルノー図

（b）　ドントケアを考慮したカルノー
　　　図の区画結合

図 3.16　ドントケアを考慮したカル
　　　　　ノー図による簡略化

表 3.9 圧縮表（ドントケアを含む）

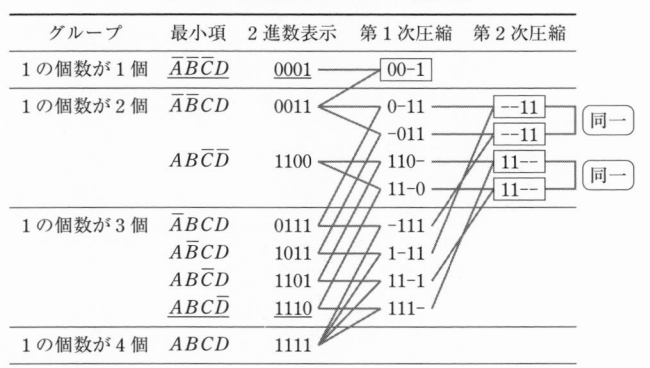

グループ	最小項	2進数表示	第1次圧縮	第2次圧縮
1の個数が1個	$\overline{A}\,\overline{B}\,\overline{C}D$	0001	00-1	
1の個数が2個	$\overline{A}\,\overline{B}CD$	0011	0-11	--11
			-011	--11
	$AB\overline{C}\,\overline{D}$	1100	110-	11--
			11-0	11--
1の個数が3個	$\overline{A}BCD$	0111	-111	
	$A\overline{B}CD$	1011	1-11	
	$AB\overline{C}D$	1101	11-1	
	$\underline{ABC\overline{D}}$	1110	111-	
1の個数が4個	$ABCD$	1111		

同一

同一

表 3.10 主項表（ドントケアを含む）

主 項	最小項							
	$\overline{A}\,\overline{B}\,\overline{C}D$	$\overline{A}\,\overline{B}CD$	$\overline{A}BCD$	$A\overline{B}CD$	$AB\overline{C}\,\overline{D}$	$AB\overline{C}D$	$\underline{ABC\overline{D}}$	$ABCD$
$\overline{A}\,\overline{B}D$	○	○						
CD		◎	◎	◎				◎
AB					◎	◎	◎	◎

「＊」は1と見なして表を作成する（表3.9）．ドントケアな項を他の項と区別するため下線を付す．

　圧縮表から簡略化された論理式が $X=\overline{A}\,\overline{B}D+CD+AB$ と求まる．次に，主項図を作成する（表3.10）．このとき，入力 $\overline{A}\,\overline{B}\,\overline{C}D$ の出力はドントケアであることから，主項 $\overline{A}\,\overline{B}D$ が不要であることがわかる．よって，簡略化された論理式は $X=CD+AB$ となる．

演習問題 ────

3.1　カルノー図を用いて次の論理式を簡略化せよ.

(1)　$X_1=\overline{A}\,\overline{B}+BC+AC$

(2)　$X_2=ABC+\overline{A}BC+A\overline{B}C+AB\overline{C}+A\overline{B}\,\overline{C}+\overline{A}B\overline{C}+\overline{A}\,\overline{B}\overline{C}$

(3)　$X_3=(A+B+C)\,(\overline{A}+B+C)\,(A+\overline{B}+C)\,(A+B+\overline{C})$

3.2　クワイン–マクラスキー法を用いて次の論理式を簡略化せよ.

(1)　$X_1=\overline{A}\,\overline{B}\,\overline{C}\,\overline{D}+\overline{A}\,\overline{B}\,\overline{C}D+\overline{A}\,\overline{B}C\overline{D}+\overline{A}\,\overline{B}CD+A\overline{B}\,\overline{C}\,\overline{D}+\overline{A}B\overline{C}D+A\overline{B}C\overline{D}$

表 3.11 真理値表（演習問題 3.3）

A	B	C	D	X
0	0	0	0	1
0	0	0	1	1
0	0	1	0	1
0	0	1	1	1
0	1	0	0	1
0	1	0	1	0
0	1	1	0	1
0	1	1	1	1
1	0	0	0	1
1	0	0	1	1
1	0	1	0	0
1	0	1	1	1
1	1	0	0	0
1	1	0	1	0
1	1	1	0	0
1	1	1	1	1

表 3.12 真理値表（演習問題 3.4）

A	B	C	D	X
0	0	0	0	1
0	0	0	1	0
0	0	1	0	0
0	0	1	1	*
0	1	0	0	1
0	1	0	1	0
0	1	1	0	1
0	1	1	1	0
1	0	0	0	1
1	0	0	1	*
1	0	1	0	1
1	0	1	1	0
1	1	0	0	1
1	1	0	1	*
1	1	1	0	1
1	1	1	1	1

(2) $X_2 = \overline{A}\,\overline{B}CD + \overline{A}\,\overline{B}C\overline{D} + A\overline{B}C\overline{D} + A\overline{B}C\overline{D}$
$\quad\quad + A\overline{B}CD + A\overline{B}C\overline{D} + \overline{A}\,\overline{B}C\overline{D} + \overline{A}\overline{B}CD + ABC\overline{D}$

3.3 表 3.11 で示された真理値表に関して，次の問いに答えよ．

(1) 出力 X を主加法標準形で示せ．

(2) カルノー図を用いて論理式を簡略化せよ．

(3) クワイン-マクラスキー法を用いて論理式を簡略化せよ．

(4) NAND ゲートのみを用いてゲート数は最小で構成せよ．

3.4 表 3.12 で示された真理値表（ドントケアを含む）に関して，次の問いに答えよ．

(1) 出力の否定である $\overline{X}$ に対するカルノー図を示せ．

(2) カルノー図を用いて簡略化した出力の否定 $\overline{X}$ の論理式を求めよ．

(3) クワイン-マクラスキー法を用いて簡略化した出力の否定 $\overline{X}$ の論理式を求めよ．

(4) 表 3.11 の真理値表を満足する出力 X の論理回路を NOR ゲートのみでゲート数を最小で構成せよ．

4 代表的な組合せ回路

本章では，組合せ回路における代表的な回路である加算器と減算器，エンコーダとデコーダ，およびマルチプレクサとデマルチプレクサの具体的な設計方法について述べる．

加算器は2進数の加算を行うための回路であり，コンピュータの内部で演算を行う最も基本的なものである．本章では，加算器を用いた減算の実現についても述べる．

エンコーダは，指定された10進数の入力データを2進数のデータとして出力する回路である．一方，デコーダは2進数の入力を指定された10進数のデータとして出力する回路である．つまり，エンコーダとデコーダは反対の役割を持つ変換回路である．

マルチプレクサは，複数の入力チャネルから1つの入力チャネルを選択して出力する回路であり，入力を切り替えるスイッチ回路である．一方，デマルチプレクサは，複数の出力チャネルの中から1つのチャネルを選択して出力する回路であり，出力を切り替えるスイッチ回路である．

4.1 加算器と減算器 ——————————

加算器は2進数の整数どうしを加算するための回路であり，**減算器**は2進数の整数どうしを減算するための回路である．第1章では，2の補数表現を用いることで減算を加算で実現できることを説明した．ここでは，まず，加算器の設計法について説明し，次に，減算器の設計法について説明する．最後に，桁上げ先見回路付きの加算器の設計法について説明する．

4.1.1 半加算器

まず，1桁の2進数 A と B の加算を行う回路を考える．ここでは，下位桁からの桁上がり（carry）を考えない．表4.1に A と B の加算の組合せを示す．

表4.1より，$1+1=10$ のときに1桁目の答えは0となり，2桁目への桁上げが発生することがわかる．**半加算器**（half adder；HA）とは，下位桁からの桁上がりを考慮しない2進数1桁の和，および，その次の桁への桁上がりが得ら

表 4.1　2 進数整数 A と B の　　　表 4.2　半加算器の真理値表
　　　　算術加算の組合せ

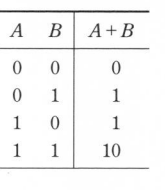

A	B	$A+B$
0	0	0
0	1	1
1	0	1
1	1	10

A	B	C	S
0	0	0	0
0	1	0	1
1	0	0	1
1	1	1	0

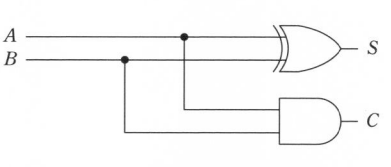

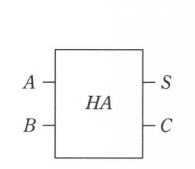

図 4.1　半加算器の回路構成　　　　図 4.2　半加算器の回路記号

れる回路である．半加算器は加減算の回路において基本的な回路であり，全加算器を設計するためにも用いられる．半加算器において，1 ビットの A と B それぞれを入力データとし，A と B の和 S（sum）は下位 1 ビットで表される．また，上位ビットへの桁上がり情報（1 ビット）を C（carry）としたときの真理値表を表 4.2 に示す．

　表 4.2 より主加法標準形を用いて S と C の論理式を立てると次のようになる．なお S については XOR を用いた表現に変更できる．

$$S = \overline{A} \cdot B + A \cdot \overline{B} = A \oplus B \tag{4.1}$$

$$C = A \cdot B \tag{4.2}$$

式（4.1）と式（4.2）より，S は XOR ゲート，C は AND ゲートを用いることで実現できる．図 4.1 に半加算器の回路構成を示す．また，半加算器は図 4.2 の回路記号により表される．

4.1.2　全 加 算 器

　最下位桁の算術加算においては半加算器により計算できるが，上位桁の加算を行うためには，下位桁からの桁上がりも考慮しなければならない．

　全加算器（full adder；FA）とは，下位桁からの桁上がりを考慮する 2 進数 1 桁の和，および，その次の桁への桁上がりが得られる回路である．全加算器において，1 ビットの A と B それぞれを入力データとし，下位桁からの 1 ビットの桁上がり情報 C_{in}（carry in），下位桁の和を S，上位桁への桁上がりの情報を

C_{out}（carry out）とするときの真理値表を表 4.3 に示す.

表 4.3 より主加法標準形を用いて S と C_{out} の論理式を立てると次のようになる.

$$S = \overline{A} \cdot \overline{B} \cdot C_{in} + \overline{A} \cdot B \cdot \overline{C_{in}} + A \cdot \overline{B} \cdot \overline{C_{in}} + A \cdot B \cdot C_{in} \tag{4.3}$$

$$C_{out} = \overline{A} \cdot B \cdot C_{in} + A \cdot \overline{B} \cdot C_{in} + A \cdot B \cdot \overline{C_{in}} + A \cdot B \cdot C_{in} \tag{4.4}$$

式（4.3）と式（4.4）よりカルノー図を作るとそれぞれ図 4.3 と図 4.4 のようになる.

図 4.3 より，S の論理式はカルノー図による簡略化ができないが，S の論理式を次のように変形することができる.

$$
\begin{aligned}
S &= \overline{A} \cdot \overline{B} \cdot C_{in} + \overline{A} \cdot B \cdot \overline{C_{in}} + A \cdot \overline{B} \cdot \overline{C_{in}} + A \cdot B \cdot C_{in} \\
&= \overline{A} \cdot (\overline{B} \cdot C_{in} + B \cdot \overline{C_{in}}) + A \cdot (\overline{B} \cdot \overline{C_{in}} + B \cdot C_{in}) \\
&= \overline{A} \cdot (B \oplus C_{in}) + A \cdot (\overline{B \oplus C_{in}}) \\
&= A \oplus B \oplus C_{in} \tag{4.5}
\end{aligned}
$$

式（4.5）より，S は，2 個の XOR ゲート回路を用いることで実現できる.

図 4.4 から 2 区画の結合が可能な部分が 3 つあることがわかる. したがって，C_{out} の論理式は簡略化ができる.

表 4.3 全加算器の真理値表

A	B	C_{in}	C_{out}	S
0	0	0	0	0
0	0	1	0	1
0	1	0	0	1
0	1	1	1	0
1	0	0	0	1
1	0	1	1	0
1	1	0	1	0
1	1	1	1	1

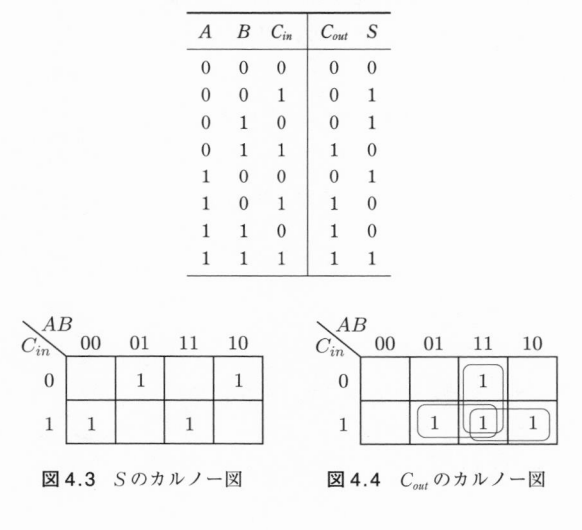

図 4.3 S のカルノー図　　**図 4.4** C_{out} のカルノー図

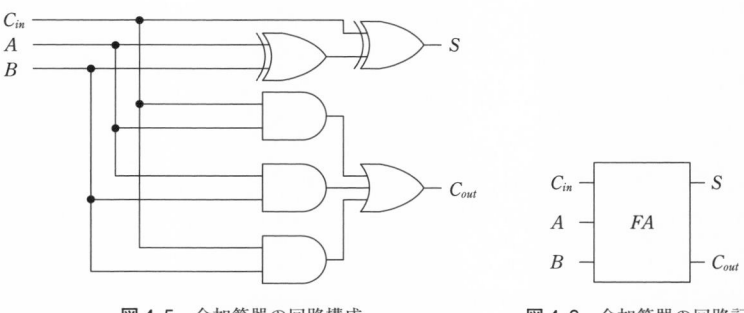

図4.5　全加算器の回路構成　　　　　図4.6　全加算器の回路記号

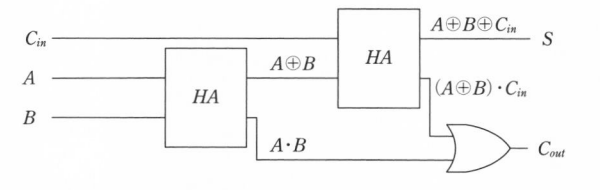

図4.7　2個の半加算器を用いた全加算器の回路構成

$$C_{out} = A \cdot B + B \cdot C + A \cdot C \tag{4.6}$$

式（4.5）と式（4.6）に基づいた全加算器の回路構成を図4.5に示す．また，全加算器の回路は図4.6の回路記号により表される．

　次に，2個の半加算器を用いた全加算器の設計法について説明する．A と B を1つ目の半加算器に入力したときの和の情報と C_{in} を入力データとして2つ目の半加算器に与えたときの和の出力が全加算器の S に対応する．C_{out} において，式（4.4）は次のように変形ができる．

$$\begin{aligned}
C_{out} &= \overline{A} \cdot B \cdot C_{in} + A \cdot \overline{B} \cdot C_{in} + A \cdot B \cdot \overline{C_{in}} + A \cdot B \cdot C_{in} \\
&= A \cdot B \cdot (C_{in} + \overline{C_{in}}) + (\overline{A} \cdot B + A \cdot \overline{B}) \cdot C_{in} \\
&= A \cdot B + (A \oplus B) \cdot C_{in}
\end{aligned} \tag{4.7}$$

式（4.7）より，第1項 $A \cdot B$ は，A と B を1つ目の半加算器に入力したときの桁上がり情報を表し，第2項 $(A \oplus B) \cdot C_{in}$ は，A と B の和の情報と C_{in} を2つ目の半加算器に入力したときの桁上がり情報を表す．C_{out} は，これらの項と OR ゲート回路1個を用いて実現できる．以上より，半加算器を用いた全加算器の回路構成を図4.7に示す．

半加算器は1桁の2進数の加算のみ行うことができたが，全加算器を複数用いることで複数桁の2進数の加算を行うことができる．N桁の加算を行うためには，N個の全加算器が必要となる．

4.1.3 4ビットリプルキャリー型全加算器

4桁の加算を行う論理回路である4ビットリプルキャリー型全加算器について説明する．図4.8に4ビットリプルキャリー型全加算器の回路構成を示す．図4.8では，入力 $A = (A_3, A_2, A_1, A_0)$ と $B = (B_3, B_2, B_1, B_0)$ を加算した結果 $S = (S_3, S_2, S_1, S_0)$ と桁上がり情報 *carry* を出力する．

4ビットリプルキャリー型全加算器は4個の全加算器を並べ，上位桁への桁上がり情報 C_{out} を下位桁からの桁上がり入力 C_{in} に接続することで実現できる．最下位桁のみ下位桁からの桁上がり入力 C_{in} がないため，全加算器の代わりに半加算器を用いてもよい．最下位桁に全加算器を用いる場合は，C_{in} に0を入力する．このように下位桁からの桁上げ情報を上位桁へ伝搬する加算器をリプルキャリー型加算器と呼ぶ．リプルキャリー型加算器では，下位桁の加算が終わらなければ上位桁の加算を行うことができない欠点がある．

4.1.4 減 算 器

2進数においては2の補数表現を用いることで，減算を加算として実行できる．このため，図4.8の4ビットリプルキャリー型全加算器を改良することで4ビットの減算器を構成することができる．

ここでは，入力 $A = (A_3, A_2, A_1, A_0)$ から $B = (B_3, B_2, B_1, B_0)$ を引くことを考える．入力 (B_3, B_2, B_1, B_0) に対して2の補数をとって，その値と入力 (A_3, A_2, A_1, A_0) を加算することで $A + (-B) = A - B$ を実現できる．ここで，入力 (B_3, B_2, B_1, B_0) に対して2の補数をとるには，1.4節で説明したように，入力の各ビッ

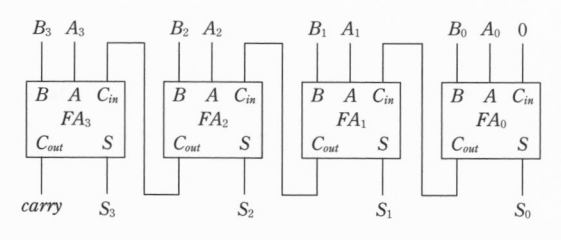

図 4.8 4ビットリプルキャリー型全加算器の回路構成

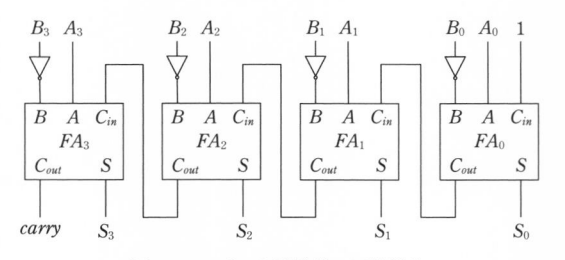

図4.9　4ビット減算器の回路構成

トの値を反転させ，1を加算すればよい．まず，(B_3, B_2, B_1, B_0)の各ビットの入力をNOTゲートにそれぞれ接続することで，その出力は$(\overline{B_3}, \overline{B_2}, \overline{B_1}, \overline{B_0})$となる．次に，$(\overline{B_3}, \overline{B_2}, \overline{B_1}, \overline{B_0})$に1を加算するには，最下位ビットにおける全加算器のC_{in}に1を入力する．このようにすることで，Bの2の補数$(-B)$を得ることができる．$A-B = A + (-B)$より，AとBの2の補数を加算することで減算を実現できる．ただし，減算器の計算結果では，桁上がり情報*carry*を無視しなければならない．図4.9に4ビットの減算器の回路構成を示す．

4.2　桁上げ先見回路 ─────────

4.1.3項のリプルキャリー型加算器は，下位桁の桁上がりC_{out}が上位桁の桁上がり入力C_{in}に伝搬されてからその出力が決まるため，桁数が多くなるにつれて加算が完了するまでに多くの時間を要する．この遅延時間は順序回路においてクロック周期が短くなると問題が生じる（クロック周期については第5章で説明する）．この問題を解決するための回路が**桁上げ先見回路**（キャリールックアヘッド）である．桁上げ先見回路を用いることで各桁の桁上がり入力C_{in}をあらかじめ計算することができるため，各桁における加算結果を待つ必要がなくなる．

N個の全加算器から構成されるNビット加算器を考える．iビット目（すなわちi桁目）$(0 \leq i \leq N-1)$における入力A_iとB_i，そして桁上がり入力$C_{in,i}$に対する和S_iと桁上がり情報$C_{out,i}$は式（4.5）と式（4.7）より次のように表せる．

$$S_i = A_i \oplus B_i \oplus C_{in,i} \tag{4.8}$$

$$C_{out,i} = A_i \cdot B_i + (A_i \oplus B_i) \cdot C_{in,i} \tag{4.9}$$

式（4.9）において，$C_{out,i} = C_{in,i+1}$と表すことができる．ここで，$X_i = A_i \cdot B_i$，

$Y_i = A_i \oplus B_i$ とおくと，式（4.9）は次のように展開できる.

$$C_{in,\,i+1} = A_i \cdot B_i + (A_i \oplus B_i) \cdot C_{in,\,i}$$
$$= X_i + Y_i \cdot C_{in,\,i}$$
$$= X_i + Y_i \cdot (X_{i-1} + Y_{i-1} \cdot C_{in,\,i-1})$$
$$= X_i + Y_i \cdot \{X_{i-1} + Y_{i-1} \cdot (X_{i-2} + Y_{i-2} \cdot C_{in,\,i-2})\}$$
$$\vdots \qquad\qquad\qquad (4.10)$$

式（4.10）より，入力 A と B が決まれば，各ビットの桁上がり入力 C_{in} はあらかじめ決められることがわかる．桁上げ先見回路ではこの考えに基づいて構成される.

桁上げ先見回路付き 4 ビット加算器の設計方法について説明する．まず，$i = 0$ から順番に考え，次の手順により設計する.

手順1 $i = 0$ の桁上がり入力 $C_{in,0}$ は入力値をそのまま入力する.

手順2 $i = 1$ における桁上がり入力 $C_{in,1}$ は次のようになる.

$$C_{in,1} = A_0 \cdot B_0 + (A_0 \oplus B_0) \cdot C_{in,0} \qquad (4.11)$$

手順3 $i = 2$ における桁上がり入力 $C_{in,2}$ は次のようになる.

$$C_{in,2} = A_1 \cdot B_1 + (A_1 \oplus B_1) \cdot C_{in,1}$$
$$= A_1 \cdot B_1 + (A_1 \oplus B_1) \cdot \{A_0 \cdot B_0 + (A_0 \oplus B_0) \cdot C_{in,0}\}$$
$$= A_1 \cdot B_1 + (A_1 \oplus B_1) \cdot A_0 \cdot B_0 + (A_1 \oplus B_1) \cdot (A_0 \oplus B_0) \cdot C_{in,0} \quad (4.12)$$

手順4 $i = 3$ における桁上がり入力 $C_{in,3}$ は次のようになる.

$$C_{in,3} = A_2 \cdot B_2 + (A_2 \oplus B_2) \cdot C_{in,2}$$
$$= A_2 \cdot B_2 + (A_2 \oplus B_2) \cdot A_1 \cdot B_1$$
$$+ (A_2 \oplus B_2) \cdot (A_1 \oplus B_1) \cdot A_0 \cdot B_0$$
$$+ (A_2 \oplus B_2) \cdot (A_1 \oplus B_1) \cdot (A_0 \oplus B_0) \cdot C_{in,0} \qquad (4.13)$$

手順5 $i = 3$ における上位桁への桁上がり情報 $C_{out,3} = C_{in,4}$ は次のようになる.

$$C_{in,4} = A_3 \cdot B_3 + (A_3 \oplus B_3) \cdot C_{in,3}$$
$$= A_3 \cdot B_3 + (A_3 \oplus B_3) \cdot A_2 \cdot B_2$$
$$+ (A_3 \oplus B_3) \cdot (A_2 \oplus B_2) \cdot A_1 \cdot B_1$$
$$+ (A_3 \oplus B_3) \cdot (A_2 \oplus B_2) \cdot (A_1 \oplus B_1) \cdot A_0 \cdot B_0$$
$$+ (A_3 \oplus B_3) \cdot (A_2 \oplus B_2) \cdot (A_1 \oplus B_1) \cdot (A_0 \oplus B_0) \cdot C_{in,0} \quad (4.14)$$

したがって，桁上げ先見回路付き 4 ビット加算器の回路構成を図 4.10 に示

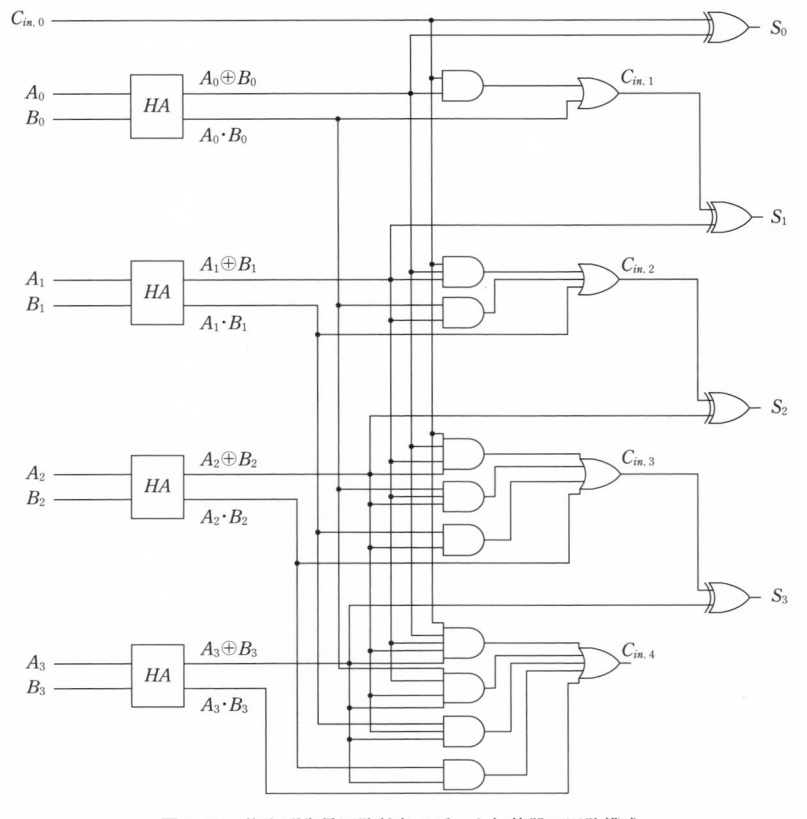

図 4.10 桁上げ先見回路付き 4 ビット加算器の回路構成

す.

4.3 エンコーダとデコーダ

　エンコーダ（encoder；符号化器）は，指定された 10 進数の入力を 2 進数の
データとして出力する回路である．一方，デコーダ（decoder；復号化器）は，
2 進数のデータを解読して意味のある情報の信号（10 進数）に戻す回路である．
つまり，デコーダはエンコーダと逆の動作を行う回路である．エンコーダとデ
コーダは組合せ回路において代表的な回路である．ここでは，日常的に使用す
る 10 進数を 2 進数に変換するエンコーダと 2 進数を 10 進数に変換するデコー

ダを考える．ディジタル回路は 2 進数を扱っていることから，10 進数の表現の
ままでは処理を行うことができない．したがって，10 進数をディジタル回路で
処理するためにはエンコーダを用いて 2 進数に符号化してディジタル回路で処
理を行う．その結果は，我々が容易に確認できるように 10 進数で表現する必要
があることからデコーダを用いて 10 進数に復号化する．この一連の流れを図
4.11 に示す．

4.3.1 エンコーダ

10 進数 1 桁を 2 進数 4 桁で表す符号（code）を **BCD**（binary coded deci-
mal）と呼ぶ．表 4.4 に BCD コードと 10 進数の対応関係を示す．BCD コード
は一般的にコンピュータの内部で使用されている．ここでは，10 進数を BCD
コードに符号化する 10 進-BCD エンコーダを設計する．

表 4.5 に本エンコーダの真理値表を示し，図 4.12 にシンボル図（簡略化した
記号）を示す．表 4.5 では，10 進数 1 桁の入力を 10 ビットで表しており，i ビ
ット目（$0 \leq i \leq 9$）の入力 A_i は 10 進数の数値 i に対応付けられている．$A_i = 1$
のときは，数値 i が入力されていることを表し，$A_i = 0$ のときは，数値 i が入力
されていないことを表す．本エンコーダでは，10 種の入力のいずれか 1 個のみ

図 4.11 10 進数のデータをディジタル回路で処理するための流れ

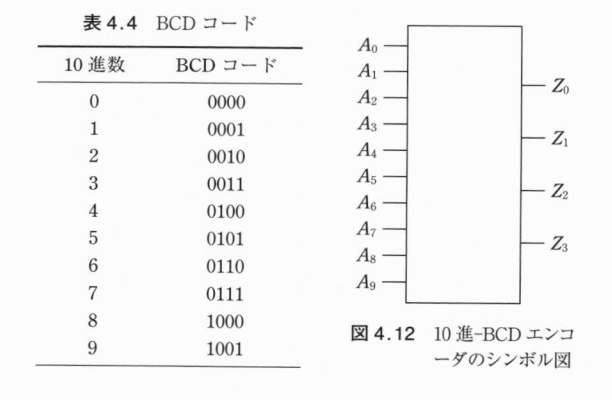

表 4.4 BCD コード

10 進数	BCD コード
0	0000
1	0001
2	0010
3	0011
4	0100
5	0101
6	0110
7	0111
8	1000
9	1001

図 4.12 10 進-BCD エンコ
ーダのシンボル図

表4.5 10進-BCDエンコーダの真理値表

入力										出力			
A_9	A_8	A_7	A_6	A_5	A_4	A_3	A_2	A_1	A_0	Z_3	Z_2	Z_1	Z_0
0	0	0	0	0	0	0	0	0	1	0	0	0	0
0	0	0	0	0	0	0	0	1	0	0	0	0	1
0	0	0	0	0	0	0	1	0	0	0	0	1	0
0	0	0	0	0	0	1	0	0	0	0	0	1	1
0	0	0	0	0	1	0	0	0	0	0	1	0	0
0	0	0	0	1	0	0	0	0	0	0	1	0	1
0	0	0	1	0	0	0	0	0	0	0	1	1	0
0	0	1	0	0	0	0	0	0	0	0	1	1	1
0	1	0	0	0	0	0	0	0	0	1	0	0	0
1	0	0	0	0	0	0	0	0	0	1	0	0	1

が“1”となり，その他の入力が全て“0”となる入力状態以外は禁止入力状態
である．

表4.4より，エンコーダの出力は4ビット必要である．ただし，入力が10通
りしかないため出力1010から1111は考える必要はない．表4.5では，4ビッ
トの出力 $Z=(Z_3, Z_2, Z_1, Z_0)$ で10進数1桁の数値を表す．ここで，各出力ビッ
トにおける論理関数を考える．出力 $Z_0=1$ となるときは入力 A_1, A_3, A_5, A_7, A_9
のいずれかが“1”となるときである．したがって，Z_0 の論理式は次のように
なる．

$$Z_0 = A_1 + A_3 + A_5 + A_7 + A_9 \qquad (4.15)$$

同様にして，Z_1 から Z_3 の論理式はそれぞれ次のようになる．

$$Z_1 = A_2 + A_3 + A_6 + A_7 \qquad (4.16)$$

$$Z_2 = A_4 + A_5 + A_6 + A_7 \qquad (4.17)$$

$$Z_3 = A_8 + A_9 \qquad (4.18)$$

したがって，エンコーダの回路構成は図4.13で示される．

図4.13のエンコーダでは入力 A_0 の信号は使用されておらず，無意味なもの
となっている．また，禁止入力状態が絶対に発生しないことに基づいて構成さ
れている．しかし，複数の入力を同時に“1”にしてしまうような禁止入力状態
が発生してしまうと回路は予期せぬ動作を示す．この問題を解決するためには，
複数個の入力が同時に“1”となった場合に，その中で最も大きい数字の入力が
“1”となるように動作する**プライオリティ**（priority；優先権）機能を付ける必

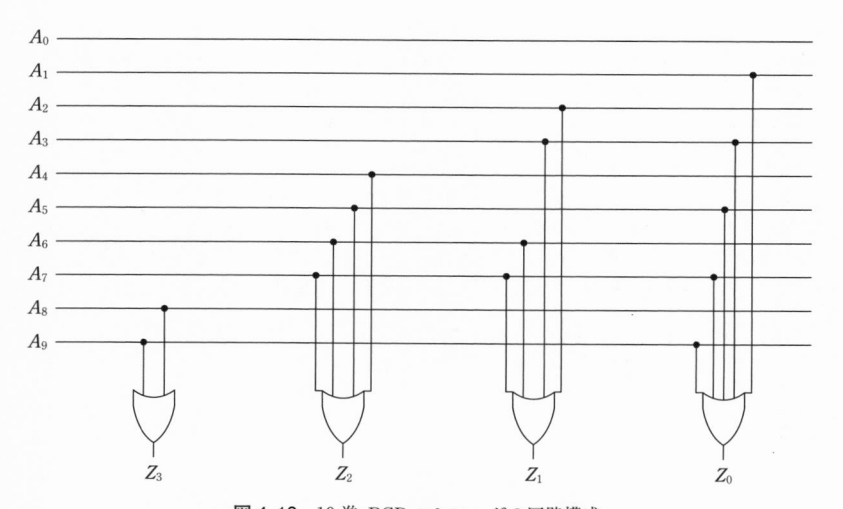

図 4.13 10 進-BCD エンコーダの回路構成

要がある.

4.3.2 デ コ ー ダ

4.3.1 項のエンコーダとは逆に BCD コードから 10 進数へ復号する BCD-10 進デコーダを設計する. 表 4.6 に本デコーダの真理値表を示し，図 4.14 にシンボル図を示す. 表 4.6 では，4 ビットの入力に対応する 10 進数の出力 Z_i が "1" となる. 例えば，入力 0111 の場合は，$Z_7 = 1$ となる.

表 4.6 において，入力は 4 ビットであるため，16 通りの入力パターンが存在する. しかし，出力は 10 種類までしか存在しないため，入力 1010 から 1111 の 6 種類の入力に対応する出力は考慮する必要がない. したがって，これらの入力における出力は "0" または "1" のどちらでもよいことから出力を「＊」（ドントケア）とする.

表 4.6 の真理値表から各出力ビットの論理関数を求める. 出力 Z_0 は入力 0000 から 1001 までにおいて $A = (0, 0, 0, 0)$ のときのみ，$Z_0 = 1$ となる. ＊は "0" とすると設計が簡略化されるため，ここでは ＊ $= 0$ とする. したがって，主加法標準形を用いて Z_0 の論理式を立てると次のようになる.

$$Z_0 = \overline{A_0} \cdot \overline{A_1} \cdot \overline{A_2} \cdot \overline{A_3} \tag{4.19}$$

同様にして，Z_1 から Z_9 の論理式を立てるとそれぞれ次のようになる.

表 4.6　BCD-10 進デコーダの真理値表

入力				出力									
A_3	A_2	A_1	A_0	Z_9	Z_8	Z_7	Z_6	Z_5	Z_4	Z_3	Z_2	Z_1	Z_0
0	0	0	0	0	0	0	0	0	0	0	0	0	1
0	0	0	1	0	0	0	0	0	0	0	0	1	0
0	0	1	0	0	0	0	0	0	0	0	1	0	0
0	0	1	1	0	0	0	0	0	0	1	0	0	0
0	1	0	0	0	0	0	0	0	1	0	0	0	0
0	1	0	1	0	0	0	0	1	0	0	0	0	0
0	1	1	0	0	0	0	1	0	0	0	0	0	0
0	1	1	1	0	0	1	0	0	0	0	0	0	0
1	0	0	0	0	1	0	0	0	0	0	0	0	0
1	0	0	1	1	0	0	0	0	0	0	0	0	0
1	0	1	0	*	*	*	*	*	*	*	*	*	*
1	0	1	1	*	*	*	*	*	*	*	*	*	*
1	1	0	0	*	*	*	*	*	*	*	*	*	*
1	1	0	1	*	*	*	*	*	*	*	*	*	*
1	1	1	0	*	*	*	*	*	*	*	*	*	*
1	1	1	1	*	*	*	*	*	*	*	*	*	*

$$Z_1 = A_0 \cdot \overline{A_1} \cdot \overline{A_2} \cdot \overline{A_3} \tag{4.20}$$

$$Z_2 = \overline{A_0} \cdot A_1 \cdot \overline{A_2} \cdot \overline{A_3} \tag{4.21}$$

$$Z_3 = A_0 \cdot A_1 \cdot \overline{A_2} \cdot \overline{A_3} \tag{4.22}$$

$$Z_4 = \overline{A_0} \cdot \overline{A_1} \cdot A_2 \cdot \overline{A_3} \tag{4.23}$$

$$Z_5 = A_0 \cdot \overline{A_1} \cdot A_2 \cdot \overline{A_3} \tag{4.24}$$

$$Z_6 = \overline{A_0} \cdot A_1 \cdot A_2 \cdot \overline{A_3} \tag{4.25}$$

$$Z_7 = A_0 \cdot A_1 \cdot A_2 \cdot \overline{A_3} \tag{4.26}$$

$$Z_8 = \overline{A_0} \cdot \overline{A_1} \cdot \overline{A_2} \cdot A_3 \tag{4.27}$$

$$Z_9 = A_0 \cdot \overline{A_1} \cdot \overline{A_2} \cdot A_3 \tag{4.28}$$

したがって，BCD-10 進デコーダの回路構成は図 4.15 のようになる．

図 4.15 に示すデコーダの回路は簡略化できる余地が残されている．表 4.6 の真理値表は表 4.7 のように表せる．

表 4.7 において，Z_0 から Z_9 の各出力は排他的であ

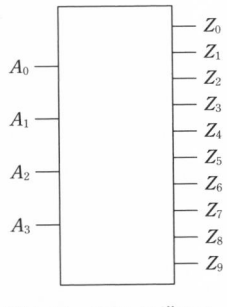

図 4.14　BCD-10 進デコーダのシンボル図

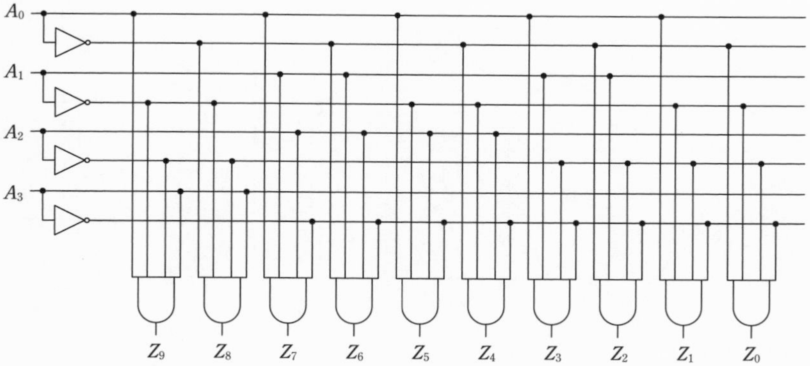

図 4.15 BCD-10 進デコーダの回路構成

表 4.7 デコーダの真理値表 2

入力				出力
A_3	A_2	A_1	A_0	Z
0	0	0	0	Z_0
0	0	0	1	Z_1
0	0	1	0	Z_2
0	0	1	1	Z_3
0	1	0	0	Z_4
0	1	0	1	Z_5
0	1	1	0	Z_6
0	1	1	1	Z_7
1	0	0	0	Z_8
1	0	0	1	Z_9
1	0	1	0	*
1	0	1	1	*
1	1	0	0	*
1	1	0	1	*
1	1	1	0	*
1	1	1	1	*

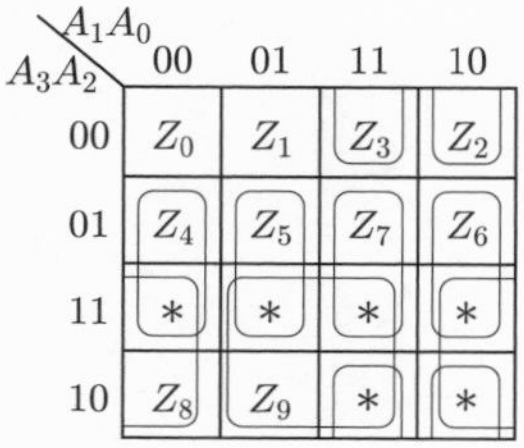

図 4.16 BCD-10 進デコーダ
のカルノー図

ることから 1 つのカルノー図上に表せる. 図 4.16 に BCD-10 進デコーダのカルノー図を示す.

図 4.16 より, 出力 Z_2 から Z_7 は 2 区画の結合が可能であり, 出力 Z_8 と Z_9 は, 4 区画の結合が可能であることから, それぞれ簡略化を行うことができる.

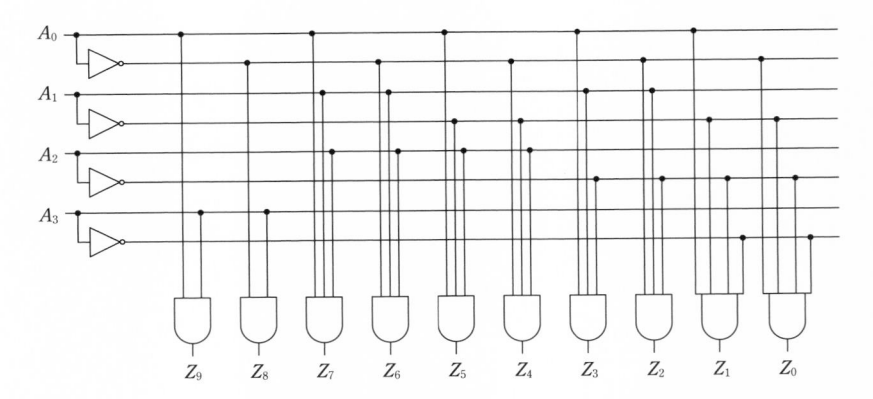

図 4.17 簡略化後の BCD-10 進デコーダの回路構成

したがって，出力 Z_0 から Z_9 の論理式は次のように表すことができる．

$$Z_0 = \overline{A_0} \cdot \overline{A_1} \cdot \overline{A_2} \cdot \overline{A_3} \tag{4.29}$$

$$Z_1 = A_0 \cdot \overline{A_1} \cdot \overline{A_2} \cdot \overline{A_3} \tag{4.30}$$

$$Z_2 = \overline{A_0} \cdot A_1 \cdot \overline{A_2} \tag{4.31}$$

$$Z_3 = A_0 \cdot A_1 \cdot \overline{A_2} \tag{4.32}$$

$$Z_4 = \overline{A_0} \cdot \overline{A_1} \cdot A_2 \tag{4.33}$$

$$Z_5 = A_0 \cdot \overline{A_1} \cdot A_2 \tag{4.34}$$

$$Z_6 = \overline{A_0} \cdot A_1 \cdot A_2 \tag{4.35}$$

$$Z_7 = A_0 \cdot A_1 \cdot A_2 \tag{4.36}$$

$$Z_8 = \overline{A_0} \cdot A_3 \tag{4.37}$$

$$Z_9 = A_0 \cdot A_3 \tag{4.38}$$

以上より，簡略化後の BCD-10 進デコーダの回路構成を図 4.17 に示す．

4.4　マルチプレクサとデマルチプレクサ ━━━━━━

　マルチプレクサは，複数の入力チャネルから 1 つの入力チャネルを選んで出力する回路のことであり，セレクタ回路とも呼ばれる．一方，**デマルチプレクサ**は，1 つの入力チャネルを複数の出力チャネルのいずれか 1 つに出力する回路のことである．

4.4.1 マルチプレクサ

N個の入力チャネルを持つマルチプレクサでは，どの入力チャネルを出力するかどうかを選択信号により決定する．選択信号 $S=(S_0, S_1, \cdots, S_m)$ のビット数は入力チャネル数に依存し，$N \le 2^m$ を満たす m ビット必要である．

出力チャネル数が 1 個（1 ビット），入力チャネル数が 4 個（各 1 ビット）の 1 ビット 4 チャネルのマルチプレクサを設計する．4 個の入力チャネルを持つため，選択信号 S のビットは 2 ビット（$2^2=4$）あればよい．選択信号を (S_1, S_0)，4 つの入力チャネルのデータを (d_0, d_1, d_2, d_3)，出力 Z としたときのマルチプレクサの動作を表 4.8 に示す．表 4.8 において，$(S_1, S_0)=(0,0)$ の場合は d_0 が，$(S_1, S_0)=(0,1)$ の場合は d_1 が，$(S_1, S_0)=(1,0)$ の場合は d_2 が，$(S_1, S_0)=(1,1)$ の場合は d_3 が出力される．

表 4.8 に基づいて出力 Z の論理関数を考える．Z は入力 d_0 から d_3 のいずれか 1 つを出力するため，論理式は次のように表せる．

$$Z = X_{00} + X_{01} + X_{10} + X_{11} \tag{4.39}$$

ここで，X_{00} は $(S_1, S_0)=(0,0)$ のときの出力 d_0 を，X_{01} は $(S_1, S_0)=(0,1)$ のときの出力 d_1 を，X_{10} は $(S_1, S_0)=(1,0)$ のときの出力 d_2 を，X_{11} は $(S_1, S_0)=(1,1)$ のときの出力 d_3 を表す．

まず，X_{00} の真理値表を表 4.9 に示す．表 4.9 より，X_{00} の論理式を主加法標準形により立てると次のようになる．

$$
\begin{aligned}
X_{00} =& \overline{S_0} \cdot \overline{S_1} \cdot d_0 \cdot \overline{d_1} \cdot \overline{d_2} \cdot \overline{d_3} + \overline{S_0} \cdot \overline{S_1} \cdot d_0 \cdot d_1 \cdot \overline{d_2} \cdot \overline{d_3} \\
&+ \overline{S_0} \cdot \overline{S_1} \cdot d_0 \cdot \overline{d_1} \cdot d_2 \cdot \overline{d_3} + \overline{S_0} \cdot \overline{S_1} \cdot d_0 \cdot d_1 \cdot d_2 \cdot \overline{d_3} \\
&+ \overline{S_0} \cdot \overline{S_1} \cdot d_0 \cdot \overline{d_1} \cdot \overline{d_2} \cdot d_3 + \overline{S_0} \cdot \overline{S_1} \cdot d_0 \cdot d_1 \cdot \overline{d_2} \cdot d_3 \\
&+ \overline{S_0} \cdot \overline{S_1} \cdot d_0 \cdot \overline{d_1} \cdot d_2 \cdot d_3 + \overline{S_0} \cdot \overline{S_1} \cdot d_0 \cdot d_1 \cdot d_2 \cdot d_3
\end{aligned} \tag{4.40}
$$

ここで，$(S_1, S_0)=(0,0)$ は常に成立するため，表 4.9 の真理値表は d_0, d_1, d_2, d_3

表 4.8　1 ビット 4 チャネルの
マルチプレクサの動作

S_1	S_0	Z
0	0	d_0
0	1	d_1
1	0	d_2
1	1	d_3

表 4.9　X_{00} の真理値表

入力						出力
S_1	S_0	d_3	d_2	d_1	d_0	X_{00}
0	0	0	0	0	d_0	d_0
0	0	0	0	1	d_0	d_0
0	0	0	1	0	d_0	d_0
0	0	0	1	1	d_0	d_0
0	0	1	0	0	d_0	d_0
0	0	1	0	1	d_0	d_0
0	0	1	1	0	d_0	d_0
0	0	1	1	1	d_0	d_0

d_3d_2 \ d_1d_0	00	01	11	10
00		1	1	
01		1	1	
11		1	1	
10		1	1	

図 4.18　4つの入力チャネルにおける X_{00} のカルノー図

の 4 入力のカルノー図を考えればよい．図 4.18 にカルノー図を示す．

図 4.18 より，8 区画の結合が可能であることから簡略化ができる．また，式 (4.40) より，X_{00} の論理式は次のとおりとなる．

$$X_{00}=\overline{S_0}\cdot\overline{S_1}\cdot d_0 \tag{4.41}$$

式 (4.41) は，選択信号 $(S_1, S_0)=(0, 0)$ の場合は d_0 以外の入力チャネルのデータを考慮しなくてよいことを表す．以降，同様にして X_{01}, X_{10}, X_{11} の論理式の立て方について説明する．

X_{01} の場合は，表 4.9 の $(S_1, S_0)=(0, 1)$ に，X_{00} を X_{01} に，$X_{01}=d_1$ に修正することで真理値表を得られる．X_{01} の論理式を立てると次のようになる．

$$X_{01}=S_0\cdot\overline{S_1}\cdot d_1 \tag{4.42}$$

X_{10} の場合は，表 4.9 の $(S_1, S_0)=(1, 0)$ に，X_{00} を X_{10} に，$X_{10}=d_2$ に修正することで真理値表を得られる．X_{10} の論理式を立てると次のようになる．

$$X_{10}=\overline{S_0}\cdot S_1\cdot d_2 \tag{4.43}$$

X_{11} の場合は，表 4.9 の $(S_1, S_0)=(1, 1)$ に，X_{00} を X_{11} に，$X_{11}=d_3$ に修正することで真理値表を得られる．X_{11} の論理式を立てると次のようになる．

$$X_{11}=S_0\cdot S_1\cdot d_3 \tag{4.44}$$

以上の式 (4.39) ～式 (4.44) より，出力 Z の論理式は次のようになる．

$$Z=\overline{S_0}\cdot\overline{S_1}\cdot d_0+S_0\cdot\overline{S_1}\cdot d_1+\overline{S_0}\cdot S_1\cdot d_2+S_0\cdot S_1\cdot d_3 \tag{4.45}$$

そして，1 ビット 4 チャネルのマルチプレクサの回路構成を図 4.19 に示す．

4.4.2　デマルチプレクサ

4.4.1 項のマルチプレクサとは反対に入力チャネル数が 1 個（1 ビット），出

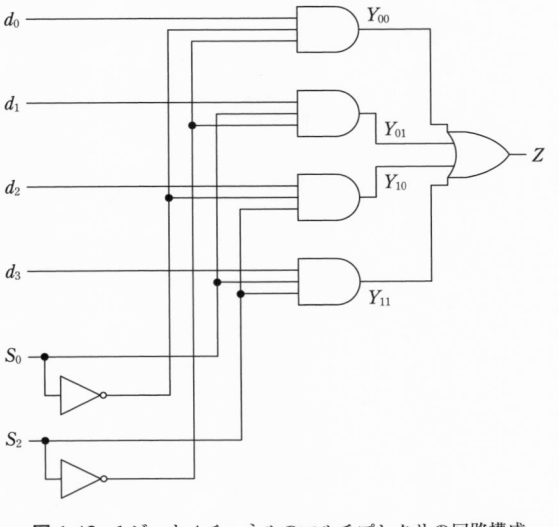

図4.19 1ビット4チャネルのマルチプレクサの回路構成

力チャネル数が4個（各1ビット）の1ビット4チャネルのデマルチプレクサ
を設計する．デマルチプレクサにおいても，どの出力チャネルに出力するかを
選択信号Sにより決定する．出力チャネル数は4個のため，選択信号のビット
数は2ビット（$2^2 = 4$）あればよい．

選択信号を(S_1, S_0)，入力チャネルのデータD，出力チャネルのデータ$(Z_0, Z_1,$
$Z_2, Z_3)$とする．本デマルチプレクサは，選択信号に対応する出力チャネルに対
してデータDを出力する回路である．その真理値表を表4.10に示す．

表4.10の真理値表では，選択信号(S_1, S_0)で指定される出力チャネル以外の
チャネルのデータは"0"でも"1"でもよい．したがって，これらの出力を
「＊」（ドントケア）と記述している．出力Z_0, Z_1, Z_2, Z_3の論理関数を求める場
合は，＊$= 0$とすると簡単に論理式を立てられる．以上のことから，出力$Z_0,$
Z_1, Z_2, Z_3の論理式を主加法標準形により求めると次のようになる．

$$Z_0 = \overline{S_0} \cdot \overline{S_1} \cdot D \qquad (4.46)$$

$$Z_1 = S_0 \cdot \overline{S_1} \cdot D \qquad (4.47)$$

$$Z_2 = \overline{S_0} \cdot S_1 \cdot D \qquad (4.48)$$

$$Z_3 = S_0 \cdot S_1 \cdot D \qquad (4.49)$$

表 4.10　1 ビット 4 チャネルのデマルチプレクサの真理値表

入力			出力			
S_1	S_0	D	Z_3	Z_2	Z_1	Z_0
0	0	0	*	*	*	0
0	0	1	*	*	*	1
0	1	0	*	*	0	*
0	1	1	*	*	1	*
1	0	0	*	0	*	*
1	0	1	*	1	*	*
1	1	0	0	*	*	*
1	1	1	1	*	*	*

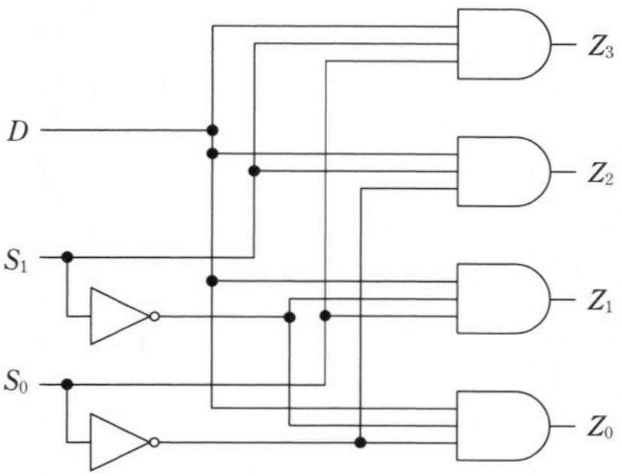

図 4.20　1 ビット 4 チャネルのデマルチプレクサの回路構成

そして，1 ビット 4 チャネルのデマルチプレクサの回路構成を図 4.20 に示す．

演習問題 ――――――

4.1　4 ビットの加減算器を設計せよ．

4.2　1 ビット 2 チャネルのマルチプレクサを設計せよ．

4.3　2 ビット 4 チャネルのデマルチプレクサを設計せよ．

4.4　プライオリティ機能を持った 1 桁の 10 進数を BCD コードへ符号化する 10 進-BCD エンコーダを設計せよ．

5 フリップフロップ

第3章で説明した組合せ回路は入力の組合せで出力が一意に決まる回路であった。当然ながら、過去の時点での入力がどうであれ、現時点での入力によって出力が決定されるものであり、もしも入力に変更があれば、ただちに出力もその影響を受ける。本章および次章では、過去の入力により決定された出力を記憶し、これと現時点での入力の組合せから、新たな出力を決定するような回路について説明する。その最初のステップとして、本章ではフリップフロップをとりあげ、その原理と特性、用途を明らかにし、いくつかの典型的な型について述べる。

5.1 フリップフロップにおける記憶の原理 ━━━━━━━━━━

0または1（LまたはH）の2つの状態のうち、過去の入力により決定された状態を記憶して、その後に入力を変えない限り現在の状態を保持し続ける回路の最も基本的なものがフリップフロップ（flip-flop）である。ここで状態として保持される値は出力として外部に提供されると同時に、次の時点での出力を決定するために入力側にフィードバックされる。フリップフロップの原理を理解するために、まず最も単純な記憶回路について説明する。

電子回路における NOT 回路は、例えば図5.1に示すような単純な構成で実現できる。この図の例では、左側の矢印で表した入力電圧を高くとれば（Hすなわち正論理では1に相当）、トランジスタのベース–エミッタ間およびコレクタ–エミッタ間に電流が流れることで、右側の矢印で表した出力電圧はアースと短絡しゼロ（Lすなわち正論理では0に相当）となる。逆に入力電圧をゼロ（L）とすればトランジスタに電流は流れないため、出力は高い電圧（H、この場合は V+）のままである。入力がHのとき、出力はLであり、逆に入力がLのとき、出力はHであるから、これはインバータ、すなわち入力の否定を出力とする NOT 回路にほかならない。

このような NOT 回路2つを図5.2のように接続することを考える。ただし図中では、NOT 回路は第2章で説明した論理ゲートで表現している。左右2つ

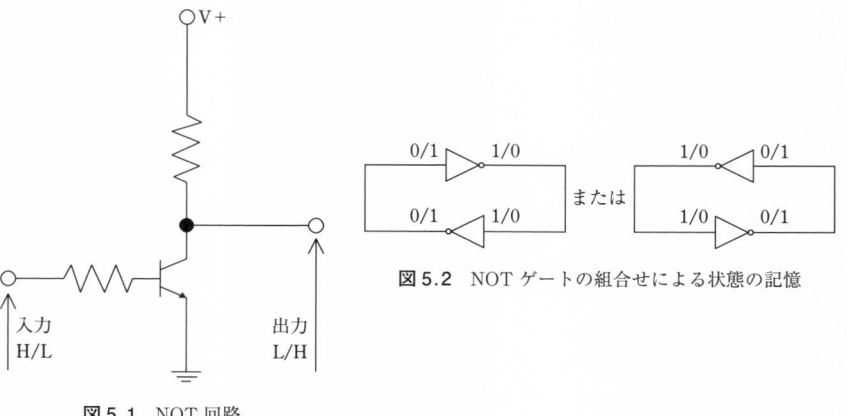

図 5.2 NOT ゲートの組合せによる状態の記憶

図 5.1 NOT 回路

　の回路は，入力から出力へ回る向きが時計回りと反時計回りで互いに逆である
が，本質的には全く同じものである．どちらの回路においても，NOT ゲートを
通過する度に H と L，すなわち 1 と 0 が入れ替わり，それぞれの回路で 2 つの
どちらの NOT ゲートの入出力の値も変化せず，状態が保持されることがわか
る．例えば，図 5.2 の左側の時計回りの回路において，上側の NOT ゲートの
入力を仮に 0（または L）と設定すると，このゲートの出力は反転して 1（また
は H）となり，下側の NOT ゲートの入力となる．このゲートの出力は再度反
転して 1 に戻るが，この値は最初に設定した上側の NOT ゲートの入力値と矛
盾しないため，以後上下ゲートの入出力値はそのまま安定的に保持される．最
初の設定値を逆にすると，保持される入出力値が逆転するが，それらの値は同
様に保持される．また，図 5.2 の右側の反時計回りの場合も同様であることに
説明の必要はないだろう．

　このようにして，電子回路上で過去の入出力値の状態が記憶されることにな
り，この特性がフリップフロップの動作に用いられる．

　NOT は 1 入力 1 出力のゲートであるが，2.3 節で示したように，これを
NAND または NOR を用いて書き換えることができる．どちらのゲートも 2 入
力であるが，2 つの入力に同じ値を与えると，表 5.1 に示す真理値表を確認す
るまでもなく，その値の否定が出力として現れることは明らかである．

　NOT ゲートは，NAND と NOR のどちらを用いても実現できるが，ここで

表 5.1 2入力が同値の場合の NAND および NOR の真理値表

入力値	AND	NAND	OR	NOR
0 0	0	1	0	1
1 1	1	0	1	0

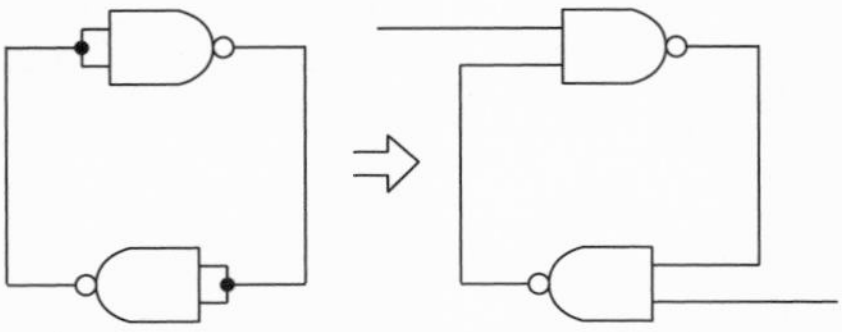

図 5.3 2個の NOT ゲートの組合せと変形

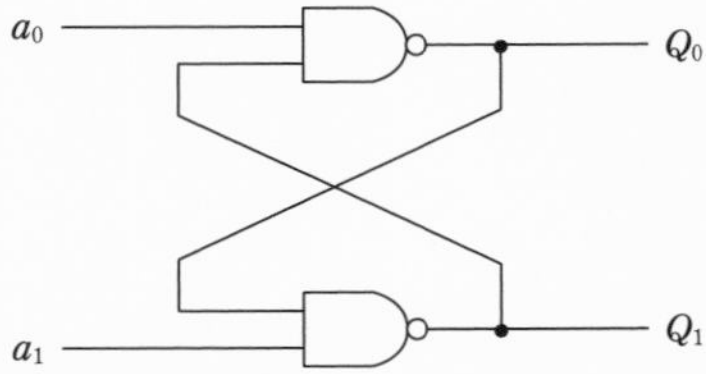

図 5.4 NAND ゲートの向きを揃えた状態記憶回路

は NAND を用いた NOT ゲートを図5.2のように接続し，電子回路上に過去の状態（すなわち，H/L または 0/1）の記憶を保持することを考えよう．これを図5.3の左側に示す．前述のように，図5.2の回路は時計回りと反時計回りのどちらも本質的には同じであるので，ここでは時計回りの回路を基にしている．そしてさらにこれを図5.3の右側のようにそれぞれ一方の端子を解放して変形し，NAND ゲートの向きを揃えると図5.4のような回路となる．

ここで，この図に示す回路の左側の2端子 a_0, a_1 を入力，右側の2端子 Q_0, Q_1 を出力として，a_0, a_1 に入力されうる組合せ4通りについて出力 Q_0, Q_1 がどのような値になるか考えてみよう．

最初に，図5.5 (1), (2) に示した入力 a_0, a_1 の一方が0, もう一方が1の場合を検証する．入力値0を与えられる方の NAND ゲートの出力は，もう一方の入力値である，対になっている NAND ゲートからこれまでの時点での出力としてフィードバックされる値が0と1のどちらであっても，いずれは必ず1になり，その後は入力値0が変更されない限りこの状態が継続する．また，この出力1が，対になっている NAND ゲートの入力としてフィードバックされるが，こちらのゲートのもう一つの入力も1であるから，やはりこれまでの時点での出力値が0と1のどちらであってもそれにかかわらず，いずれは出力値が0となる．すなわち，入力 a_0, a_1 が 0, 1 ならば，出力 Q_0, Q_1 は 1, 0 に，逆に入力 a_0, a_1 が 1, 0 ならば，出力 Q_0, Q_1 は 0, 1 に，値がそれぞれ決まることになる．

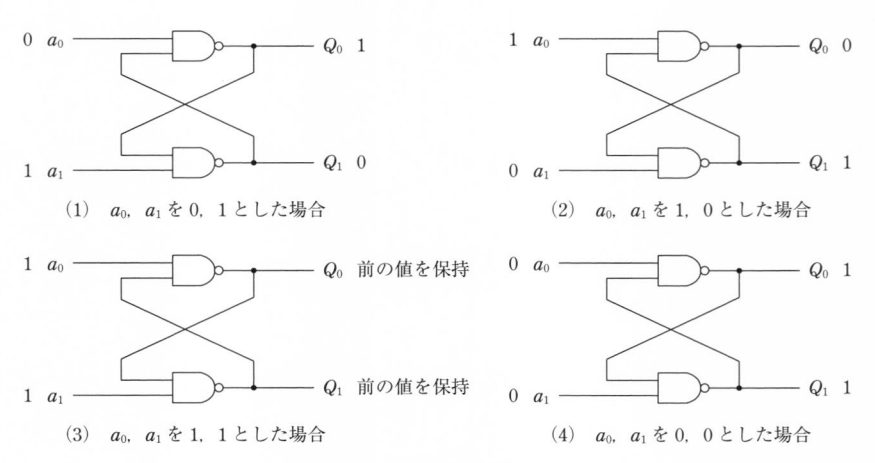

図 5.5　4 通りの入出力

　次に，図 5.5 (3) に示す，入力 a_0, a_1 の両方が 1 の場合について考えよう．
この場合は入力がどちらのゲートでも 1 であるから，それぞれのゲートでは互
いに他方のゲートの出力値の否定が自分の出力となる．(1), (2) のようにして
定められた出力 Q_0, Q_1 の値は互いに相手の否定になっていることから，Q_0, Q_1
が常にこのような値の組合せ（すなわち，Q_0 が 0 なら Q_1 は 1，あるいはその逆）
になっているならば，結果的に (3) の場合，前の状態を保持することになる．
　最後に (4) のように，入力 a_0, a_1 の両方が 0 の場合について考える．この場
合，どちらのゲートの入力も 0 なので，対になっているゲートからフィードバ
ックされる以前の出力が 0 と 1 のどちらであっても，いずれ必ず両ゲートの出
力値はともに 1 となる．しかし，2 つの出力が揃ってしまうと，その後この状
態を保持しようとして 2 つの入力値の組合せを変更した場合に動作が不安定に
なる．2 つの入力値をともに 1 に変更すると，(3) では出力値が保持されてい
たが，これには保持される 2 つの出力が互いに異なる値であることが条件であ
った．2 つの出力がともに 1 の状態で，入力をどちらも 1 とした場合，両ゲー
トともフィードバックされる値が 1 であり，2 つの出力はともに 0 になる．さ
らにこれをフィードバックすると次のタイミングで 2 つの出力はともに 1 にな
り，以後これを繰り返し，出力値が振動する可能性がある．よって，この回路
を用いて過去の状態（0/1 の値）を記憶する場合には，不安定な状態を避ける

ため，2つの入力の双方に0を投入する組合せは用いないものとする.

以上のことから，図5.5に示したような回路では，入力 a_0, a_1 に 0,1 をそれぞれ設定し，出力 Q_0, Q_1 の値をそれぞれ 1,0 として記憶する，あるいは，入力 a_0, a_1 に 1,0 をそれぞれ設定し，出力 Q_0, Q_1 の値を 0,1 として記憶することが可能になる．また，入力 a_0, a_1 の値として両方を0と設定する使い方をしない限り，Q_0 と Q_1 は常に互いに相手の否定となっているため，入力 a_0, a_1 の両方に1を設定すると，結果的に前の状態を保持することになることがわかった.

なお，このように Q_0, Q_1 は互いに相手の否定であるため，Q_0, Q_1 の代わりに $Q, \overline{Q}$ を用いることがある

例題 5.1 図 5.1 にならい，NAND 回路による状態記憶回路を構成せよ.

解答 トランジスタを2個つなぐと NAND 回路ができるので，これらの出力を互いに入力に取り込むことで，図 5.6 に示すような状態記憶回路が構成できる.

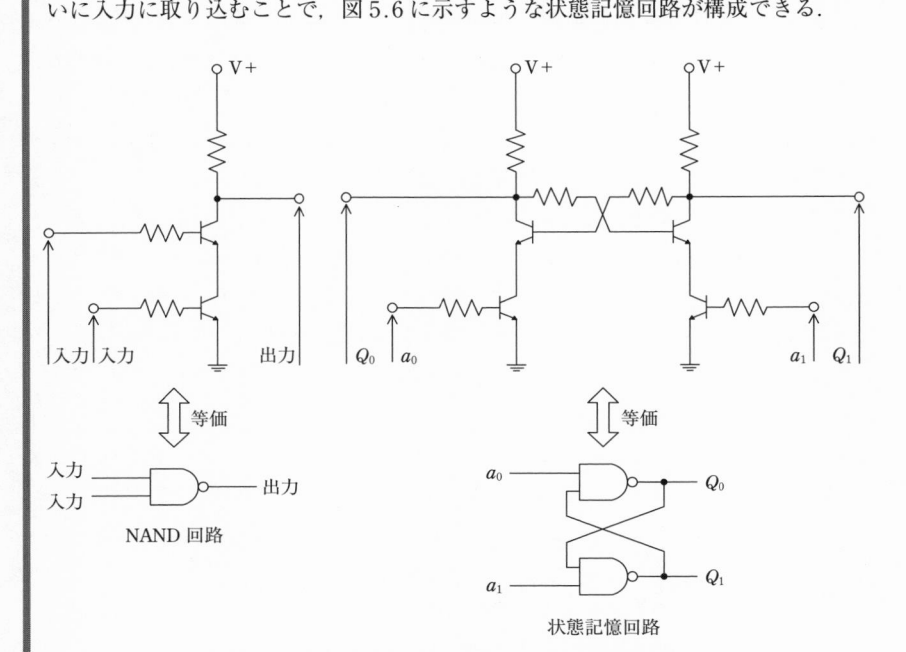

図 5.6 NAND 回路とこれを2個用いた状態記憶回路

5.2 SRフリップフロップ ———————

実際に使用されるフリップフロップの中で最も基本的なものとして，SRフリップフロップが挙げられる．このフリップフロップは2入力1出力の回路で，出力値として常に0または1のどちらかの値を記憶しており，新たに値が入力されるたびにこの記憶を保持または反転する機能を有する．

記憶される値を1に設定することをセット（Set），0に設定することをリセット（Reset）と呼ぶことがあり，記憶値のセットとリセットをすることができることから，このフリップフロップをSR（Set-Reset）フリップフロップと呼ぶ．

SRフリップフロップを実現するためには，2入力であるから，これらをS, Rとして，$S=1, R=0$の場合にセット，$S=0, R=1$の場合にリセット，$S=1, R=1$の場合に値を変えずに保持するような回路があれば理想的である．これ以上の機能は必要ないから，$S=0, R=0$の組合せは使用しない．

ここで，5.1節の最後に説明した回路（図5.5）を思い出そう．この回路は，$a_0=0, a_1=1$の入力では出力として$Q_0=1$とし，$a_0=1, a_1=0$の入力では出力として$Q_0=0$とし，$a_0=1, a_1=1$の入力では出力Q_0は前の状態を保持し，$a_0=0, a_1=0$の入力は使用しないというものであった．これは表5.2に示すように，上記のSRフリップフロップの理想的な仕様に非常に近いものであるが，a_0をS，a_1をRと置き換えると，Q_0の値が反転してしまう関係になっている．

そこで，5.1節のフリップフロップの入力a_0, a_1をそれぞれS, Rと置き換えて，これらを反転（否定）したもの，すなわち，$\bar{S}, \bar{R}$に修正して用いれば，ほぼそのままでSRフリップフロップが実現できる．ただし，SとRが反転しているので，前の状態を保持するのはS, Rがともに0の場合で，S, Rがともに1の組合せは使用しない．これを回路図にすると図5.7のようになる．

また，前述のように，このフリップフロップの動作では，すでに記憶された

表5.2 5.1節の状態記憶回路とSRフリップフロップの動作比較

入力 S R	5.1節 状態記憶回路の 出力（記憶）	SRフリップフロップの 出力（記憶）
0 1	1	0
1 0	0	1
1 1	前の状態を保持	前の状態を保持
0 0	使用しない	使用しない

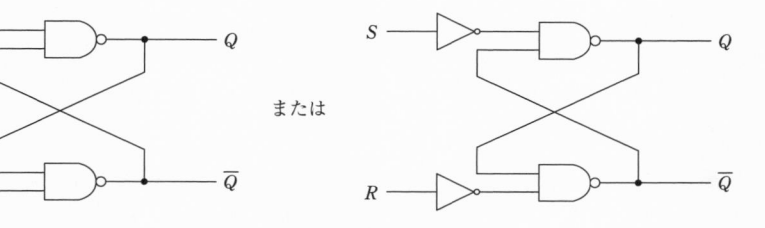

図 5.7 SR フリップフロップ

表 5.3 SR フリップフロップの状態遷移表

入力 S R	現在の状態 Q	次の状態 Q'	
0 0	0	0	状態保持
	1	1	状態保持
0 1	0	0	リセット
	1	0	リセット
1 0	0	1	セット
	1	1	セット
1 1	0		不定（使用しない）
	1		不定（使用しない）

値が新たな入力によって保持，または更新される．このような 2 つの時点での記憶を，現在の状態，次の状態と呼ぶことにして，それぞれ出力 Q および Q' と区別して表現すると，入力と出力の関係は表 5.3 のように整理される．このような表を一般に **状態遷移表**（state transition table）と呼ぶ．

図 5.7 に示した回路では，その構造上 $\overline{Q}$ の出力が Q と対になる形で存在する．表 5.3 の出力としては記述していないが，出力 Q の否定は他の回路と組み合わせるときに必要になることも多い．Q の出力端子に NOT ゲートを新たに付け加えなくても得られることは都合がよいため，便利に利用される例がしばしば見られる．

5.1 節の説明では，NOT ゲートは NAND ゲートで構成するものに加えて，NOR ゲートで構成するものについても言及した．そのことからも明らかなように，上記のような NAND ゲートによる構成だけでなく，NOR ゲートを用いても SR フリップフロップを構成することが可能である．また，本書で SR フリップフロップと呼んでいるものは，他書では RS フリップフロップもしくは SC

（Set-Clear）フリップフロップと呼ぶ場合がある．

例題 5.2　NOR ゲートによる SR フリップフロップを構成し，入力に対応した出力を表にまとめよ．

解答　図 5.7 の左側に示した SR フリップフロップの中の NAND ゲートを NOR ゲートに置き換えると図 5.8 に示すような回路となる．これの入出力を表にまとめると，表 5.4 のようになる．S, R がそれぞれ 1, 1 の場合は前の状態がどうであっても結局両方の出力値が 0 に揃ってしまうため，利用には適切でないことから，表中の該当する Q' の欄には「使用しない」と記してある．

　この場合でも確かに NAND 回路を用いた場合と同様に SR フリップフロップを構成していることがわかる．ただし，図 5.8 のように下側の R が入力される方のNOR ゲート出力を Q とした場合，表 5.4 のように入力 S, R がそれぞれ 1, 0 のとき出力はセット，0, 1 のときリセットとなるが，Q をもう一方のゲートの出力とした場合，S, R の組合せとセット／リセットの関係が逆になることに注意されたい．

表 5.4　NOR ゲートにより構成された SR フリップフロップの入出力表

S	R	Q	Q'
0	0	0 1	0 1
0	1	0 1	0 0
1	0	0 1	1 1
1	1	0 1	使用 しない

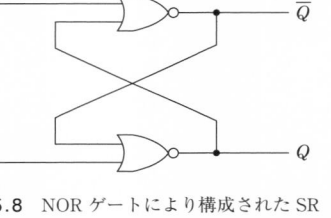

図 5.8　NOR ゲートにより構成された SR フリップフロップの回路図

5.3 クロック

多くのコンピュータあるいはこれを構成する演算ユニットでは，内部で常に規則正しいリズムを刻んでおり，このリズムの速さによって演算速度が変わる．コンピュータ内ではさまざまな部品が連携して一つの仕事（端的にいえば計算）を進めており，互いの作業の相対的な順番を整える（すなわち，同期をとる；synchronize）ことが重要である．仮にこのような仕組みを持たなければ，コンピュータ内の各部品に入力値を取り込み，これら蓄積された数値（データ）を

決められた場所に移動させ，プログラム等の計算手順に従って正しい順序で演算を施し，さらに別の場所へ蓄積する，あるいは出力するといった複雑な作業を実行することができない．本章で扱うフリップフロップのような記憶回路は計算ユニットの重要な一部分であるため，当然頻繁に同期をとるための動作が実行されている．同期をとる場合に，コンピュータ内の各部分が計算を行うための単純な手順のひとつひとつを適切なタイミングで開始したり終了したりするための合図となるべきものが**クロック**（clock）である．

クロックはその名の通り，一定の速度で時刻を刻むものであるが，コンピュータの動作をオーケストラの演奏にたとえるなら，指揮者が振る指揮棒のリズムに相当するものとも考えられる．多くのコンピュータはその内部に水晶発振器を持ち，規則正しい電圧の矩形波（または方形波，つまり四角い波）または正弦波を出力しており，これをクロックに用いている．

図5.9に示すように，クロックは，理想的には0と1（LとH）の間を規則正しく上下し，ある位相からそれと同位相に最初に戻るまでの時間をその1周期（cycle time）と呼ぶ．また，このような図を一般に**タイミングチャート**と呼ぶ．ただし通常は，クロックだけでなく他の回路の入出力値も併せて並べたものが用いられる．前述のように多くの場合，計算手順の開始や終了がクロックに合わせて行われるため，クロックの立ち上がり（0から1に変化するタイミング）から次の立ち上がりまで，あるいは立ち下がり（1から0に変化するタイミング）から次の立ち下がりまでの時間を1周期と見なすことが多い．

1周期を1回の振動と考えると，1秒あたりの振動数を周波数といい，単位はHz（ヘルツ）を用いる．例えば1秒間に10億回振動するクロックは1［GHz］（ギガヘルツ；ギガは10億を意味する）の周波数である．パーソナルコンピュータに搭載されるCPU（Central Processing Unit；中央演算処理装置）の動作周波数を示し，これをそのコンピュータの計算速度の目安として宣伝している広告等を目にした読者も多いのではないだろうか．

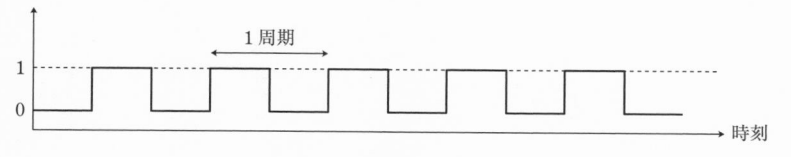

図5.9　理想的なクロック

例題 5.3　3 [GHz] のクロックは 1 秒間に何回振動するか．また，毎秒 2000 万回振動するクロックの周波数はどれほどか．

解答　1 [GHz] のクロックが 10 億回振動するので，3 [GHz] ならば 30 億回振動する．また，毎秒 1000 万回の振動は，毎秒 10 億回の 100 分の 1 で 0.01 [GHz] である．よって，毎秒 2000 万回の振動は 0.02 [GHz]，または 20 [MHz]（メガヘルツ：メガは 100 万を意味する）となる．

5.4　T フリップフロップ

SR フリップフロップと異なる種類のものとして，次に T（Toggle または Trigger）フリップフロップについて説明する．このタイプは図 5.10 に示すようなトグルスイッチを思い浮かべるとわかりやすいが，要するに 1（または H）が入力されるたびに記憶された値が反転（0 ⇄ 1 または L ⇄ H）するものである．入力は前節で説明したクロックのように規則的なものでなくても構わないが，後に説明する理由から，入力が 1 の値をとる時間は短くする必要がある．

T フリップフロップのタイミングチャートを図 5.11 に示す．図中の T は短いパルス状の矩形波入力で，立ち上がりのタイミングで出力 Q の値が入れ替わる．このフリップフロップの状態遷移表を表 5.5 に示す．

表 5.5 において，次の状態 Q' が 1 になるような T と Q の組合せに着目すると，これを真理値表と同様に考えれば，Q' の論理式は

$$Q' = \overline{T}Q + T\overline{Q} \tag{5.1}$$

であるから，ここから導かれる回路図は図 5.12 のようになる．この図では保持

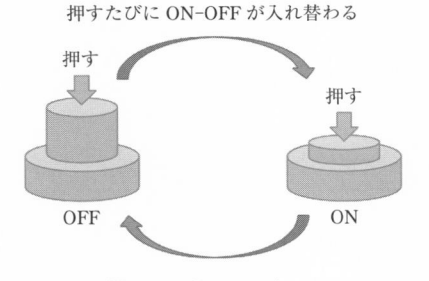

押すたびに ON-OFF が入れ替わる

図 5.10　トグルスイッチ

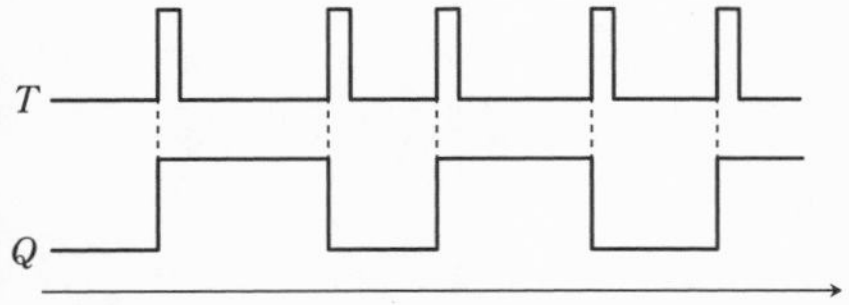

図 5.11 T フリップフロップのタイミングチャート

表 5.5 T フリップフロップの状態遷移表

入力 T	現在の状態 Q	次の状態 Q'
0	0	0　状態を維持
	1	1　状態を維持
1	0	1　反転
	1	0　反転

する状態として現在の状態と次の状態を区別するため，出力に Q と Q' の両方を書き込んでいる．

この回路を検証してみよう．T が 0 の間には図の下側の AND ゲートの出力値は常に 0 であるから，OR ゲートの出力は上側の AND ゲートの出力に等しく，この AND ゲートの値は現在の出力 Q と同じになるため，次の出力 Q' は Q の値の保持となる．逆に T が 1 となった場合，上側の AND ゲートの出力は 0 になるため，OR ゲートの値は下側の AND ゲートの出力で決定される．これは現在の出力 Q の否定に等しい．よって，次の出力 Q' は Q の否定となるから，値が反転することになる．これ以上の T の入力パターンはないので，この回路は確かに T フリップフロップの動作を実行することができるように見える．

しかし，T が 1 に変化してから，反転した Q' の値がフィードバックして AND ゲートに戻ってくるまで継続して 1 である状態を維持した場合，さらなる反転が発生し，以後これを繰り返すことになる．これは不安定な状態であり，避ける必要があるため，T の値が 1 となる時間は短く保つ必要がある．

T フリップフロップを，SR フリップフロップを用いて構成することもできる．SR フリップフロップは図 5.7 に示す回路で構成することができるが，既知の回路を毎回回路図として描き続けることは効率が悪いため，フリップフロップは簡略化した記号を用いて示されることが多い．図 5.13 に SR フリップフロップの記号の例を示す．入力として，S と R があり，出力を Q およびその反転の $\bar{Q}$ とする．この図では Q と Q' は区別していない．

SR フリップフロップを用いた T フリップフロップは図 5.14 のように描ける．T が 0 の間は S と R の両方の入力値はともに 0 であるから SR フリップフロップの動作は記憶の保持であり，T フリップフロップの動作と同様である．T が 1 になったときのみ，AND ゲートを通して S には現在の Q の否定，R には現

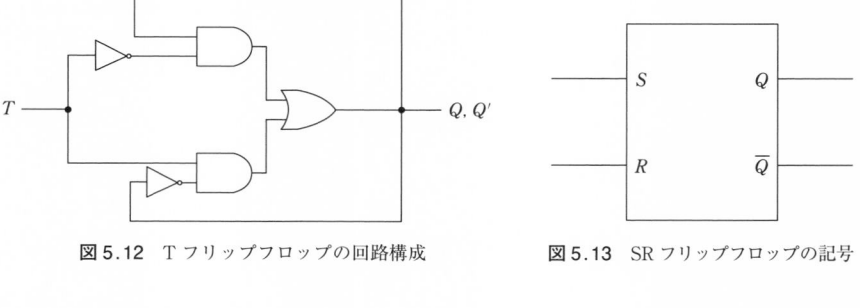

図 5.12　T フリップフロップの回路構成　　　図 5.13　SR フリップフロップの記号

在の Q の値が入力される。ここで，Q が 1 だった場合に S には 0，R には 1 が入力され，次の出力である Q' がリセットされる。つまり Q から Q' に遷移する際に値が 1 から 0 に入れ替わっている。反対に Q が 0 だった場合に S には 1，R には 0 が入力され，Q' がセットされる。この場合も同様に Q から Q' に遷移して，値が入れ替わっている。よって T が 1 の場合も T フリップフロップの動作として正しい。これ以外に入力のパターンはないので，全体として T フリップフロップの動作が正しく実行されることが確認できる。

　しかし，先に述べた回路と同様に，新たな Q およびその否定の値のフィードバックが AND ゲートに戻ってしまうほど長い間 T が 1 を保持してしまうと，さらなる反転が発生し，不安定にこれを繰り返すことになる点は問題である。この問題については，この章の後半 5.6 節で対策を述べる。

　T フリップフロップにも SR フリップフロップと同様に簡略化した記号がある。これを図 5.15 に示す。この図では省略しているが，他の文献ではこれまで説明した入出力である T および Q とその否定の他に，$\overline{S}_D$ および $\overline{R}_D$ というような端子が描き込まれている場合がある。これらはそれぞれダイレクトセット（S_D）およびダイレクトリセット（R_D）と呼ばれるもので，実際のフリップフロップには，しばしば SR フリップフロップにおける S, R 端子（セット，リセット端子）に相当するものが装備されている。これらは，フリップフロップを用いて計算機のレジスタやメモリを構成する場合に，その初期値の設定に必要となる機能である。なお，ダイレクトセットはプリセット（PR または SET），ダイレクトリセットはクリア（CLR）と呼ばれることもある。

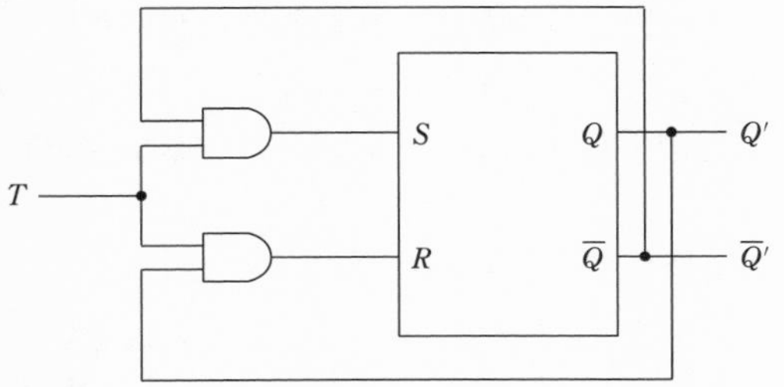

図 5.14 SR フリップフロップを組み込んだ T フリップフロップの構成

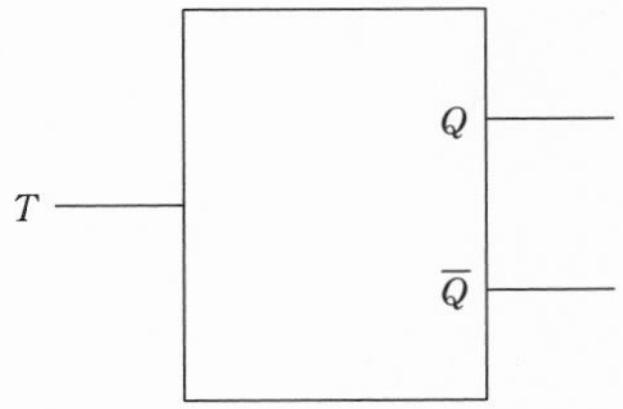

図 5.15 T フリップフロップの記号

例題 5.4　SR フリップフロップを用いて構成した T フリップフロップにおいて，Q の初期値を 0 としたときの T, S, R, Q の各信号からなるタイミングチャートを描け．

解答　タイミングチャートを図 5.16 に示す．図 5.14 より，T が 0 のときは Q の値が保持される．また，T が 1 のときは前の時点での Q の値が R に，その否定が S に，それぞれフィードバックされるため，S と R は必ず互いに異なる値をとり，結果として T が 1 になるたびに Q のセットとリセットが繰り返されることでトグル動作を行うことがわかる．

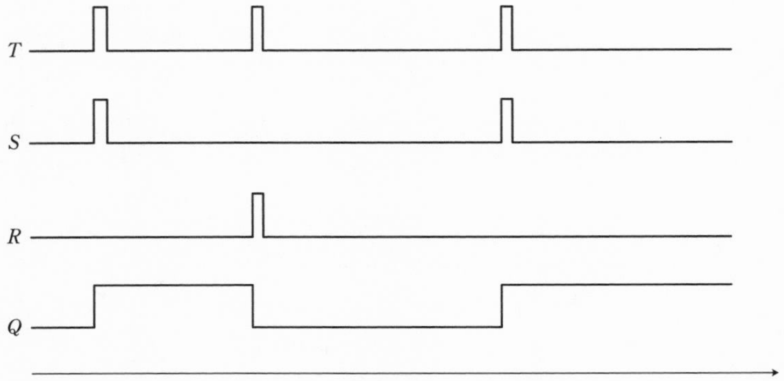

図 5.16　SR フリップフロップから構成される T フリップフロップのタイミングチャート

5.5　JK フリップフロップ

変わった名前のフリップフロップであるが，名前の由来は諸説あり定かでない．このフリップフロップの機能としては，SR フリップフロップの機能を継承

しつつ，クロックを入力側に加え，2つの入力がともに0となる場合に状態を保持し，1となる場合に反転させることで，出力が不安定になる点を改善したものといえる．クロックに同期させた記憶状態の切り替えにより，常に安定した出力が得られる．

JKフリップフロップの状態遷移表を表5.6に示す．ただし，クロックの値をCLKと記していることに注意されたい．さらに表からカルノー図を作成すると図5.17のようになる．

カルノー図より，Q'の簡略化した論理式を求めると，

$$Q' = \overline{K} \cdot Q + \overline{CLK} \cdot Q + J \cdot CLK \cdot \overline{Q}$$
$$= (\overline{K} + \overline{CLK})Q + J \cdot CLK \cdot \overline{Q}$$
$$= \overline{K \cdot CLK} \cdot Q + J \cdot CLK \cdot \overline{Q} \tag{5.2}$$

であるから，ゲートを用いた回路構成は図5.18のようになる．また，SRフリップフロップの場合と同様に，これを記号化したものを82ページの図5.20に記す．

図5.18より，このフリップフロップはクロックが0の値をとるタイミングでは，J端子の入るANDゲートの出力は常に0，NANDゲートの出力は常に1となるため，次の状態Q'は現在の状態であるQの値を保持することは明らかである．よって，クロックが1になったときのみ，保持する値に変化が起きる可能性がある．

クロックが1の場合，JとKおよびQの三者の値で次の状態Q'が決定され

表5.6　JKフリップフロップの状態遷移表

入力 J　K	現在の状態 Q	次の状態 Q' $CLK=0$　　　$CLK=1$	
0　0	0 1	0 1	0　状態保持 1　状態保持
0　1	0 1	0 0	0　リセット 0　リセット
1　0	0 1	0 1	1　セット 1　セット
1　1	0 1	0 1	1　反転 0　反転

JK＼$Q\,CLK$	00	01	11	10
00			1	1
01				1
11			1	1
10		1	1	1

図5.17　JKフリップフロップのカルノー図

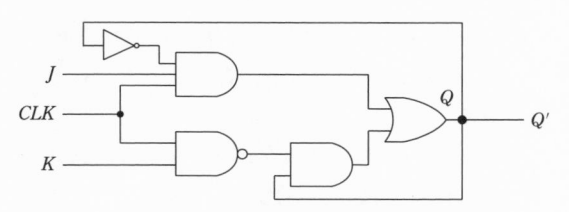

図5.18 JK フリップフロップの回路構成

る．J と K がともに 0 であればクロックが 0 の場合と同じ結果になるため状態を保持，ともに 1 であれば NAND ゲートの出力は 0 となるため Q のフィードバックの否定がそのまま次の状態に反映され，結果として現在の状態の反転となる．クロックが 1 の状態で J が 0，K が 1，すなわちリセットの入力が入ると，J 端子の入る AND ゲートも NAND ゲートも出力はともに 0 となるため，次の状態は正しくリセットされることがわかる．

　最後にクロックが 1 の状態で J が 1，K が 0，すなわちセットの入力が入ると，J 端子の入る AND ゲートの出力は現在の状態 Q の否定，NAND ゲートの出力は現在の状態 Q がそれぞれ OR ゲートに入る．Q の値が 0 と 1 のどちらであってもその値とその値の否定の和は 1 になることは明らかであるから，次の状態は正しくセットされることがわかる．

　以上のことから，上記の図 5.18 の回路構成で正しく JK フリップフロップとして動作しそうであるが，ここでも T フリップフロップと同様の問題が発生することに気づく．すなわち，クロックの値が 1 である期間が長い場合，J と K がともに 1 であるときに Q のフィードバックによる保持する値の反転の後，その反転した値のフィードバックによるさらなる反転が発生し，以後これが繰り返されることが考えられる．この問題の対策については，この後の 5.6 節および 5.7 節で述べる．

　この節の最後に，SR フリップフロップを用いた JK フリップフロップの構成について補足しておく．T フリップフロップと同様に，SR フリップフロップを内部に組み込む形で JK フリップフロップを構成することが可能であり，これを図 5.19 に示す．

　図 5.14 の T フリップフロップの場合と比較すると，回路としてはほぼ同じで，入力 T の代わりにクロックが入り，別に入力として J と K が加わる点だけ

が異なる．クロックが0の場合は S, R に入る値は常に0であり，SRフリップフロップの特性から前の状態が保持される．これは図5.18のJKフリップフロップの動作と同じである．

クロックが1の場合は J と K および現在の状態 Q の三者の値だけで S, R への入力値が決まる．J, K がともに0であれば，Q の値にかかわらず S, R には0が入り，前の状態が保持される．J, K がともに1であれば，S には Q の否定が，R には Q の値がそれぞれ入力され，次の出力は現在の出力の反転となる．

さらに J, K の値が異なる場合には，セットとリセットの関係は J, K と S, R は同一である．$J=1, K=0$ のとき，S には Q の否定が入り，SRフリップフロップの内部では結局 Q と Q の否定の NAND をとることになるため，Q' は1に決まる．R には K の値0がそのまま入るので，結果としてフリップフロップ自体はセットされる．$J=0, K=1$ の場合も同様に考えるとリセットされることは明らかである．よってクロックが1の場合も全て図5.18のJKフリップフロップの動作と同一である．

以上のことから，図5.19に示すようなSRフリップフロップを組み込んだ回路でもJKフリップフロップは実現できる．ただしこの場合でも，クロックの値が1のとき，その1である期間が長ければ，J, K がともに1の場合において保持する値が反転を繰り返す不安定な状態に陥ることがありうることは変わらない．

なお他のフリップフロップと同様に，JKフリップフロップの簡略化した記号を図5.20に示す．図中の CLK 入力はポジティブエッジ型で動作することを表

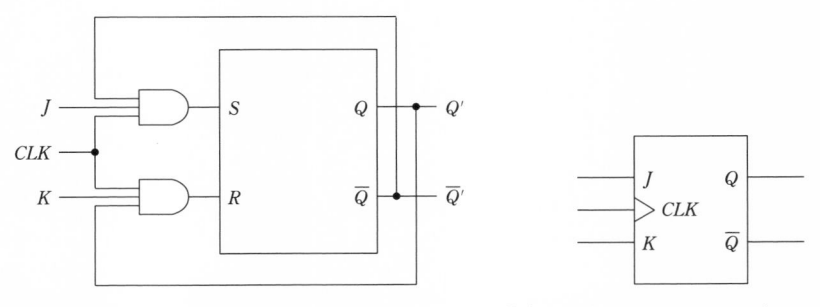

図5.19 SRフリップフロップを組み込んだJKフリップフロップの構成　　**図5.20** JKフリップフロップの記号

しており，クロックパルスの立ち上がりのタイミングで状態が変化する．このことは 5.8 節で再度述べる．

例題 5.5　JK フリップフロップにおいて，Q の初期値が 1 のとき，J, K の値の組合せにより Q を 1 クロックごとに

値の保持　→　値のリセット　→　値の保持　→　値の反転　→　値の保持

と操作する場合のタイミングチャートを描け．

解答　タイミングチャートは図 5.21 に示す通り．

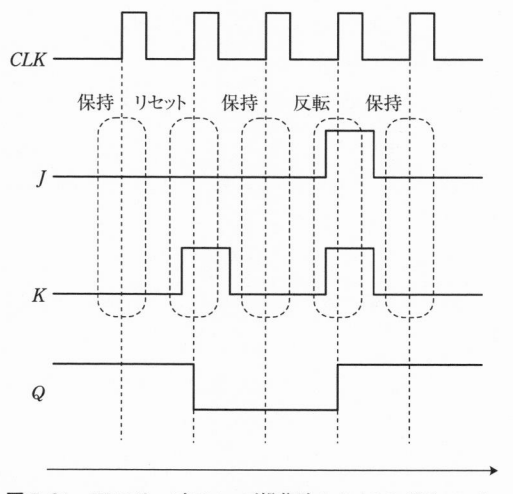

図 5.21　JK フリップフロップ操作時のタイミングチャート

5.6　エッジトリガ型 T フリップフロップ／JK フリップフロップ ──

5.4 節の T フリップフロップ，および 5.5 節の JK フリップフロップでは，保持している値を反転する際に，入力 T またはクロックの値が 1 である時間が長くなると動作が不安定になる問題があった．そこで，実際の入力 T またはクロックの矩形波形の幅を縮小し，値が 1 である期間の立ち上がり，または立ち下がりのタイミングにだけ短い矩形パルスが立つように変換することを考える．入力 T またはクロックの値が 1 である間に，一度反転出力された値が入力側に繰り返しフィードバックされてしまうことが問題の本質であったのだから，こ

のような対応は効果が期待できる．これ以降は簡単のため，幅の狭い矩形に整
形する入力をクロックとして説明を行うが，入力 T の場合でも 0 と 1 の値の間
隔が規則的でないだけで本質的にはまったく同様の議論となる．

　上記のことを実現させるアイデアとして，信号波形がゲート回路を通過する
と，その波形が伝わるのにほんの少し遅れが生じることを利用することが考え
られる．すなわち，そのままのクロック波形と，NOT ゲートを通過してわずか
に遅延したクロックの反転波形との AND をとることで，クロックの立ち上が
りからその遅延時間分だけの期間の短い矩形波を得ることができる．

　図 5.22 に示す回路を考えてみよう．この回路の上側では，NAND ゲートを
用いて NOT ゲートを作り，それを通過して反転したクロック信号と，通常の
クロック信号の AND をとってクロックの立ち上がりのタイミングで両信号の
ずれの時間だけ立つ短い矩形波を合成している．この回路の例では，NAND ゲー
トを通過させることにより，適当な遅延を意図的に作っていることに注意さ
れたい．この結果は同図の AND ゲートから出力される．この出力は，元のク
ロックの立ち上がりのタイミングで発生するため，ポジティブエッジトリガ
（positive edge trigger）と呼ばれる．図 5.23 の上側にその際の信号波形のタイ
ミングチャートを示している．ずれた 2 つのクロックが同時に値 1 をとるのは，
元のクロックの立ち上がりの時点から遅延時間分だけであり，これによりポジ
ティブエッジトリガを合成できることがわかる．

　逆に，クロックの立ち下がりのタイミングで同様の短い矩形波を合成するこ
ともできる．これは図 5.22 では下側の出力の部分であり，ポジティブエッジト
リガと同様のずれた 2 つのクロックをさらに両者ともに反転させた上で AND
をとって合成している．このような出力はネガティブエッジトリガ（negative
edge trigger）と呼ばれる．図 5.23 の下側に，この出力のタイミングチャート
も記した．

　このように，クロックの周期が長くても，その立ち上がり，あるいは立ち下
がりのタイミングにのみ，短い矩形波が立つようにして，T フリップフロップ
や JK フリップフロップの問題点を解決したものを**エッジトリガ型フリップフロ
ップ**と呼ぶ．

　すでに図 5.12，図 5.14 において T フリップフロップの，あるいは図 5.18，
図 5.19 において JK フリップフロップの回路図を示したが，これらのフリップ

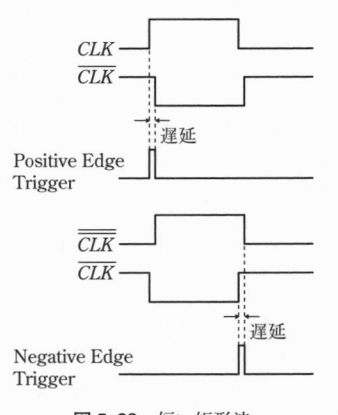

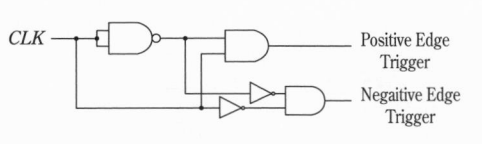

図 5.22 短い矩形波を得る回路　　　　**図 5.23** 短い矩形波

フロップが実際に使用される場合には，CLK にポジティブエッジトリガのような回路を組み込むなどの対策をとるため，記憶された値が反転する際にも問題は発生しない．また，図 5.15 および図 5.20 のような記号を用いる場合にも，暗にエッジトリガなどの回路は含まれているものと考える場合がある．本書では次章以降，T フリップフロップ，JK フリップフロップにはエッジトリガなどの回路が含まれていて，上記の問題はないものとして説明を行う．

例題 5.6　ネガティブエッジトリガを導入した T フリップフロップを構成し，Q の初期値を 0 として任意の T 入力とそのネガティブエッジトリガ部分の出力，およびその結果としての出力 Q からなるタイミングチャートを描け．

解答　回路構成は図 5.24 に示す．また，図 5.25 に示す通り，T の立ち下がりでトグル動作を行うことがわかる．

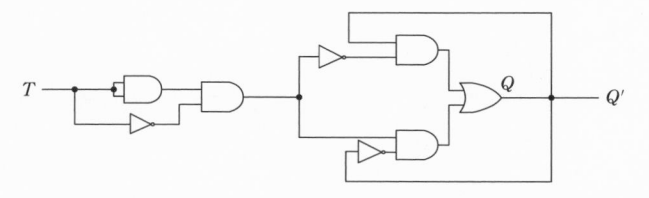

図 5.24　ネガティブエッジトリガ付き T フリップフロップの回路構成

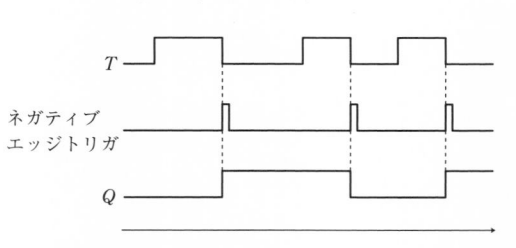

図 5.25 ネガティブエッジトリガ付き T フリップフロップのタイミングチャート

5.7 マスター–スレーブ型 JK フリップフロップ

JK フリップフロップには，エッジトリガを用いる方法に加えてもう一つ，保持する値が反転を繰り返し，動作が不安定になる問題に対処する方法が知られている．これはフリップフロップを 2 つ用いて一方をマスタ（master），他方をスレーブ（slave）とするマスター–スレーブ型構造を構成する方法で，このようにして構成された JK フリップフロップを，**マスター–スレーブ型 JK フリップフロップ**と呼ぶ．図 5.26 に示す回路は SR フリップフロップ 2 個を組み合わせて構成したマスター–スレーブ型 JK フリップフロップの例である．

2 個の SR フリップフロップは，入力側に近い方がマスタ，出力を行う方がスレーブの役割を持つ．この回路で実現しているアイデアは，元々 1 つのフリップフロップで行っていた機能を 2 つに分割するというものである．すなわち，マスタが J, K および，スレーブの現在の状態 Q を入力として出力値 Q_m を決定，スレーブがそれを受けて次の状態 Q' として出力し，併せてこの値をマスタへフィードバックする，という役割分担をした上で，両フリップフロップをクロックの立ち上がりと立ち下がりで切り離すことでフィードバックされる値が継続的に伝達されないようにしている．

ここではクロックが 1 の値をとった際に，J, K がいずれも 1 となる場合について，もう少し詳しく解析してみよう．クロックは理想的には矩形波であるが，現実には信号の伝達に時間を要するため上底が下底よりわずかに短い台形に近い波形の繰り返しといえる．よって，クロック信号における 0 と 1 の値の変化には一定の時間を要する．

まずクロックの立ち上がりの時点には，図中の C, D の AND ゲートには NOT ゲートで反転された立ち下がりの信号が入るため，ここでスレーブの S,

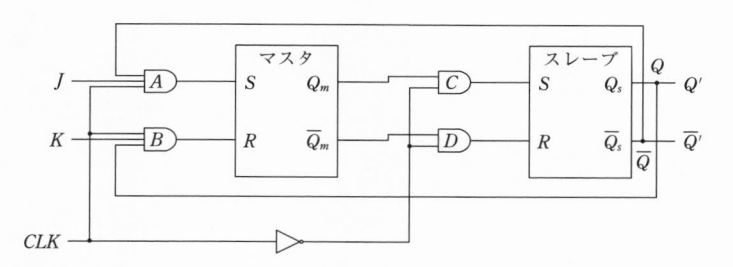

図 5.26 SR フリップフロップ 2 個によるマスタ-スレーブ型 JK フリップフロップの構成

R には 0 になりつつある値が入り，スレーブの記憶する状態はそのまま保持されようとし，マスタからの出力 Q_m および $\overline{Q}_m$ はスレーブから徐々に切り離される．反対に A, B の AND ゲートに入るクロック信号は立ち上がりであるから，その少し後に，$J = 1, K = 1$ の条件でマスタによって決定された Q_m および $\overline{Q}_m$ が出力されるが，この時点ではスレーブはすでにマスタから切り離されており，この値はスレーブに反映されないままマスタに保持される．クロックが 1 の状態を保っている間はこの状態が続くことになる．

その後クロック信号が立ち下がり始めると，反対に C, D の AND ゲートは立ち上がりの信号が入るため，スレーブの S, R には徐々にマスタの Q_m および $\overline{Q}_m$ が入ってくる．同時に A, B の AND ゲートには立ち下がりの信号が入るので，こちらは徐々に出力を 0 とするように働き，マスタは現在の状態を保持しようとしながらスレーブからのフィードバックは徐々に切断される．その少し後にスレーブによって Q' および $\overline{Q'}$ が決定され，これがこの JK フリップフロップ全体の出力となるが，この値がマスタ側にフィードバックされた時点ではすでに A, B の AND ゲートには 0 が入り，マスタとの接続は切断されている．

以上のことから，この JK フリップフロップ全体としては，反転の繰り返しによる不安定な状況は回避できることになる．ただし，この型の JK フリップフロップの動作では，最終的な出力 Q' がクロックの立ち上がり後すぐではなく，立ち下がりに同期して発生することに注意する必要がある．

上記で述べた条件以外の場合，例えば，クロックが 0 の間は，JK フリップフロップ全体として，現在の値を保持する動作を行うこと，あるいはクロックが 1 の間に J, K の組合せが 00, 01, 10 の場合にはそれぞれ現在の値の保持，リセッ

ト，セットの動作を行うことは明らかである．ただしこれらの場合でも常に出力 Q' はクロックの立ち下がりに同期して発生する．

　以上のことから，JK フリップフロップはマスタ-スレーブ型の構成とすることで，安定的な動作が維持できる．

例題 5.7　SR フリップフロップを 2 個用いたマスタ-スレーブ型 JK フリップフロップにおいて，マスタ，スレーブの出力 Q_m, Q_s の初期値をともに 0 として，J, K により

　　　　値の保持　→　値のセット　→　値の保持　→　値の反転　→　値の保持

と操作する場合の CLK, J, K, マスタ S, マスタ R, マスタ Q (Q_m), スレーブ S, スレーブ R, スレーブ Q (Q_s) からなるタイミングチャートを描け．

解答　図 5.27 に示す通り．このとき，最終的な出力であるスレーブの Q は，クロック（CLK）の立ち下がりで動作していることに注意されたい．

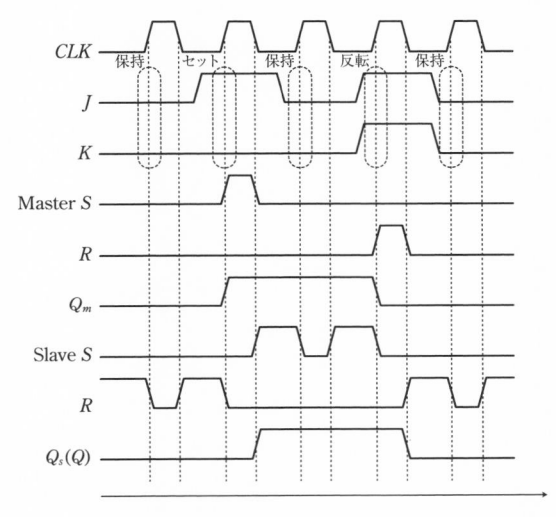

図 5.27　マスタ-スレーブ型 JK フリップフロップのタイミングチャート

5.8　D フリップフロップ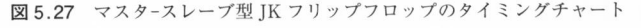

　5.2 節で説明した SR フリップフロップをクロック同期させることを考えてみよう．この型のフリップフロップは NAND ゲートでも NOR ゲートでも構成で

きるが，ここでは NAND ゲートを用いたものを使い，さらに図 5.7 右側に示すような，S と R にそれぞれ 1, 0 を入力（セット入力）すると S 側の NAND ゲートの Q がセットされるという，自然に理解しやすい形のものを使って説明する．

これをクロックに同期させるには，クロックが 1 のタイミングでのみ S, R の信号を受け付けるようにすればよいから，単純に図 5.28 の左側の回路構成が考えられる．ここで途中に挟まっている NOT ゲートを，その左側にある AND ゲートと併せて NAND ゲートにすればなお簡単な形になり，同図右側となる．

ここで，S と R の入力の組合せは通常 4 通り (00, 01, 10, 11) あるが，SR フリップフロップでは 5.2 節で述べたように 11 の組合せは使用しない．また，現在の状態を保持する動作はクロック値が 0 の場合に行われているため，クロック値が 1 の場合にはセットかリセットのみを行うという機能の簡単化を行うとすれば，S, R の組合せは 01, 10 の 2 通りのみとなる．

この 2 通りであるとするなら，S と R は互いに必ず相手の否定が入力されることになるため，NOT ゲートを用いることで，入力は 1 つで十分であることになる．これを仮に D という信号で表すとしよう．上記の回路の変更を行うと，図 5.29 のような回路になる．なお，この図でも保持する状態として現在の状態と次の状態を区別するため，出力に Q と Q' の両方を書き込んでいる．

この回路の動作を確認するために，状態遷移表を書いてみると，表 5.7 のようになることがわかる．クロック値が 0 の場合は D の値にかかわらず Q' は Q を維持，すなわち，記憶する状態の保持が行われる．また，クロック値が 1 の場合は，D が 0 ならば現在の状態 Q にかかわらず次の状態 Q' はリセットされ，D が 1 ならば Q にかかわらず Q' はセットされる．元の回路で S, R に相当する部分には，同時に 1 が入ることはないため，不安定な動作は発生しない．

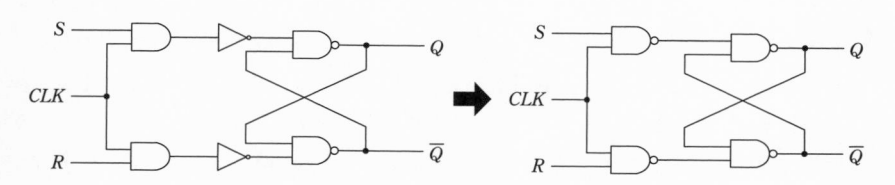

図 5.28　クロック同期 SR フリップフロップ

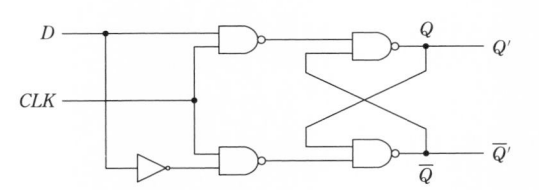

図 5.29 クロック同期型 SR フリップフロップの回路変形

表 5.7 D フリップフロップの状態遷移表

CLK	D	Q（現在の状態）	Q′（次の状態）
0	*	0	0
		1	1
1	0	0	0
		1	0
	1	0	1
		1	1

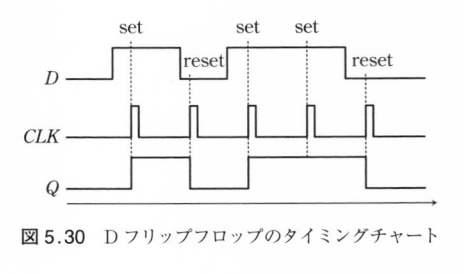

図 5.30 D フリップフロップのタイミングチャート

　また，クロック値が 1 をとる時間が長くても，エッジトリガやマスタ-スレーブのような改良を行っていない T フリップフロップおよび JK フリップフロップのように状態の反転が繰り返し起きる問題も発生しない．よってこの回路では，安定した状態の保持が可能になる．

　このフリップフロップのタイミングチャートも図 5.30 に示しておく．この図から，D で指定した状態（1，0，あるいはセット / リセット）をクロックが立ち上がるタイミングで実際に記憶に反映させるように動作することがわかる．ただし，このタイミングチャート内では，Q と Q′ の区別はせずに，記憶している状態を単に Q としている．

　上述の回路はクロックに同期して，0 または 1 の状態を D 端子の値の制御により自由に変更でき，かつその状態を安定的に保持できることから，1 ビットのデータを記憶する回路であると考えられる．このことから，この回路は **D フリップフロップ** と呼ばれる．D の由来はデータ（data）あるいは遅延（delay）であると思われる．また，別名 **ラッチ**（latch；掛け金，かんぬきのような意味）とも呼ばれるが，これは 1 ビットのデータを閉じ込めて施錠し，必要になるまで保存できるということを意味している．ただし教科書によっては，本書 5.1 節および 5.2 節の図 5.4，図 5.8 などに示した単純な状態記憶回路を狭義のラ

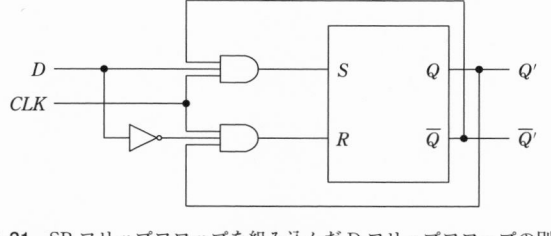

図 5.31 SR フリップフロップを組み込んだ D フリップフロップの別の例

ッチと呼び，フリップフロップと区別している場合もある．

　ラッチ（すなわち D フリップフロップ）を複数並べると，その数の桁数のメモリを作ることができる．例えば，4 個のラッチを並べた 4 ビットメモリは，前章で説明した 4 ビット加算器などを用いる際の入力データの保存場所や，計算結果を書き出す場所として用いることができる．また，前述のように，コンピュータの動作はクロックに同期して進められるため，このような安定的にデータを保存するためのメモリも，常にクロックに同期してデータを読み書きできることが重要である．

　D フリップフロップは，本章では SR フリップフロップから回路変形を行って構成したことからもわかるように，明に内部的に SR フリップフロップを含む形で記述できる．上記で説明したものとは少し違う形のものも図 5.31 に挙げておく．この型の D フリップフロップも正しく動作することは，読者各自で確認してみてほしい．

　最後にこれまでのフリップフロップと同様に，D フリップフロップの記号を示す（図 5.32）.

　D フリップフロップと前述の JK フリップフロップでは，クロック（CLK）が入力端子に加えられている．これまでの説明は，クロックの立ち上がりを起点にして動作が進む（ポジティブエッジ型）ように記述されているが，クロックの立ち下がりで動作（ネガティブエッジ型）させたい回路も存在する．この場合にはクロック端子に入力する信号の 0/1 を逆転してやれば，フリップフロップ内部はまったく同じ構成で構わないことになる．

　通常，2 進数の値の否定は NOT ゲートを通せばよいことになるが，クロックの立ち下がりで動作することを前提とした D フリップフロップは図 5.33 に示

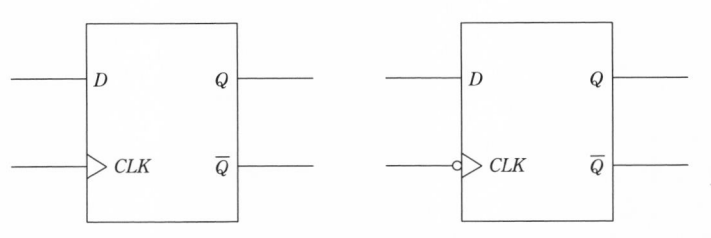

図 5.32　D フリップフロップの記号　　**図 5.33**　クロックの立ち下がりを起点に動作する D フリップフロップの記号

すような記号で表現されることがある．2.3.1 項で説明したように，CLK 端子の付け根にある丸印が NOT ゲートと同様に値の反転を行うことを意味している．このことは JK フリップフロップでも同様である．

例題 5.8　任意の D 入力に応じて，クロックの立ち下がりで動作する D フリップフロップのタイミングチャートを図 5.30 にならって描け．

解答　図 5.34 に示す通り．

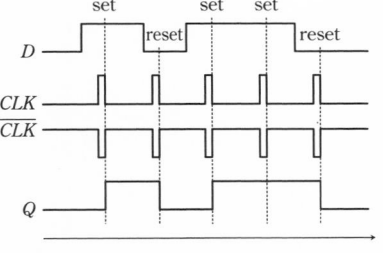

図 5.34　クロックの立ち下がりで動作する D フリップフロップのタイミングチャート

演習問題 ━━━━━

5.1　NOR 回路のみを用いて，SR フリップフロップを構成した場合の 4 通りの入力の組合せとそれぞれの場合の出力について，図 5.5 にならって検証せよ．

5.2　JK フリップフロップに Set, Reset 機能を付加する場合の回路構成の一例を示せ．

5.3　D フリップフロップを，JK フリップフロップを用いて構成せよ．

5.4　図 5.31 に示した D フリップフロップが正しく動作することを，タイミングチ

ャートを描いて検証せよ.

5.5　T フリップフロップを，D フリップフロップを用いて構成せよ.

5.6　図 5.12 に示す T フリップフロップを，適当な回路を加えて入力 T が 0 となるたびに出力 Q が反転するようなネガティブエッジトリガ型に変更せよ.

5.7　図 5.18 に適切な回路を加え，ポジティブエッジトリガ型 JK フリップフロップを構成せよ.

6 順序回路の設計

コンピュータを用いたシステムでは多くの場合，複数の「状態」を定義し，ある条件にかなった入力が入るたびに最初の状態から次々に別の状態に移り変わるようにすることで，仕事の進み具合を管理したり，適切な出力を行ったりする．順序回路はそのような状態を作り出し，適切に状態を切り替える役割を持つ．この章では，前章で説明したフリップフロップを用いて構成する順序回路について，その目的，役割，設計法について述べる．

6.1 同期回路と非同期回路 ─────────

前章の JK フリップフロップ，D フリップフロップの説明の中で，入力にクロックを加え，その規則的な 0 と 1（L と H）の繰り返しにフリップフロップの動作を同期させることでその動作を安定させること，さらにはこのクロックの動作に合わせてコンピュータ内の制御が行われることから，その一部を構成するフリップフロップもクロックに同期して動作すると都合が良いことを述べた．このようにクロックに同期して動作する回路を**同期回路**，特にそのようなフリップフロップを**同期型フリップフロップ**と呼ぶ．多くのフリップフロップは同期型で用いられる．

これとは反対に，クロックの規則的な動作に縛られずに主として入力信号の伝達に任せて出力信号が定まるような回路を**非同期回路**と呼ぶ．クロックの動作周期よりも短い時間で信号が伝達されるような小さな回路であれば，一般に非同期回路の方が高速に動作する．

同期型の D フリップフロップでは，クロックの立ち上がりのたびに D 端子の入力を反映して値が更新されるが，JK フリップフロップのように現在の値を次の値に保持する入力がないため，メモリとして用いる際などには効率が悪く，不便な場合もある．よって，図 6.1 に示すように入力に enable（イネーブル；機能を有効にする，の意味）端子を加え，enable 入力が 1 の場合だけ，クロックに同期した D 入力の値を反映させ，enable 入力が 0 の場合は前の状態を保持

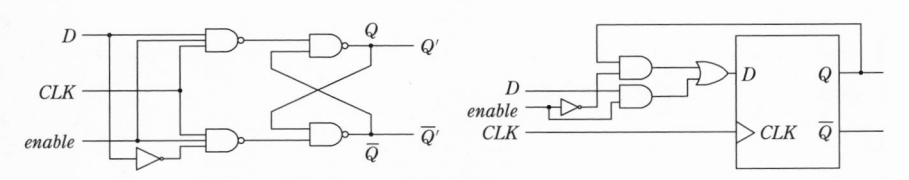

図 6.1 enable 端子付き D フリップフロップ（2 種類）

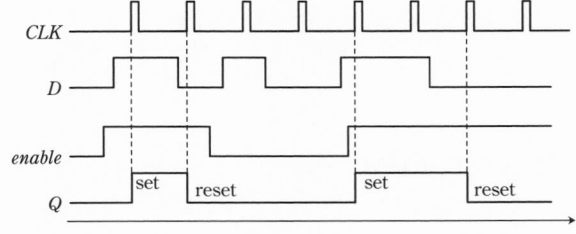

図 6.2 enable 端子付き D フリップフロップのタイミングチャート

するような, enable 端子付き D フリップフロップを用いる場合がある.

　図では 2 通りの回路を示しているが, 左の回路は D フリップフロップの回路の入力側の 2 個の NAND ゲートにそれぞれ enable 端子を加え, これが 0 の場合にはこれらゲートの出力値を強制的に 1 にすることで, 出力段の SR フリップフロップ部分が現在の値を保持するように動作させるものである. enable 端子が 1 であれば, この入力はないのと同じで影響を及ぼさないため, クロックに同期して D 端子の値を読み込ませる. よって, 意図通りの制御ができることがわかる.

　同図の右に示した回路では記号で表した D フリップフロップの D 端子に対してマルチプレクサを接続し, 現在の値 Q のフィードバックと D 入力の 2 つの入力から, 1 ビットの選択信号によりどちらかを選択して取り込むようになっている. このときの選択信号が enable 信号であり, これが 1 の場合は D フリップフロップの D 端子に D 入力が選択されて入り, 0 の場合には逆に Q がフィードバックされる. よって, これでも enable の値が 1 の場合のみ, クロックに同期して D 入力の値が記憶されるので, 意図通りの制御が行われることがわかる. この場合のタイミングチャートを図 6.2 に示す.

例題 6.1　同期回路と非同期回路のメリット，デメリットをそれぞれ簡潔に述べよ.

解答　表 6.1 に示す通り.

表 6.1　同期回路と非同期回路のメリット，デメリット

	同期回路	非同期回路
メリット	動作が安定しやすい	高速に動作する
デメリット	クロックを待つ時間だけ 動作（反応）が遅れる	タイミングによっては動作が 不安定になりやすい

6.2　状態遷移と状態遷移表 ───────────

6.2.1　状態遷移と状態遷移図

　多くのコンピュータシステムでは，複数の「状態」を定義して，これらが順番に移り変わることで何らかの仕事をさせることがある．このように状態が次々に移り変わることを**状態遷移**と呼ぶ.

　簡単な例として，硬貨を3枚入れるとジュースが出てくるジュースの自動販売機を考えてみよう．話を単純にするため，この自動販売機で使えるのは1種類の硬貨のみで，購入できるジュースも1種類であり，同じ硬貨が3枚投入された時点でジュースが勝手に出てくるものとする.

　図 6.3 に示すように，この自動販売機の中では丸印で表された3つの状態が定義されており，それぞれ硬貨が1枚も投入されていない状態（0枚），1枚だけ投入されている状態（1枚），2枚だけ投入されている状態（2枚）があるものとする．図の中の白抜きの矢印は初期状態を表しており，最初はこの矢印の指す「0枚」の状態から始まる．ここで，入力として硬貨が1枚投入されると，細い方の矢印に従って「1枚」の状態に移る．ただし状態が「0枚」から「1枚」に遷移（移り変わる）しただけで，出力はない．さらにもう1枚の硬貨が入力されると状態は「1枚」から「2枚」に遷移し，やはり出力はない．最後にもう1枚の硬貨が入力されると状態は「0枚」に戻るが，「2枚」から「0枚」に状態が遷移したときに限り，ジュースを出力する．「0枚」の状態は二重丸で表しているが，これは終了状態（ここではシステムの行う動作が終了する状態をこのように呼ぶことにする）であることを表している．すなわち，このシス

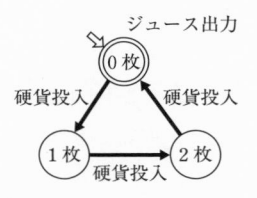

図6.3 ジュースの自動販売
機の状態遷移図

テムでは終了状態でジュースの出力をして仕事を終了している．終了状態で特定の条件を満たす（この例では硬貨3枚が投入されることであり，その結果としてジュースが出力される）場合は，特に受理状態と呼ばれることがある．また，この図では初期状態と終了状態は同じ状態が兼ねている．これにより，終了するのと同時に初期化（初期状態に戻る）され，次の客を待つ状態に戻っている．

　3枚投入されている状態を作ってもよいが，その場合3枚投入された状態に遷移した後，そこで自動的にジュースが出力され，すぐさま初期状態に遷移し，次の客を待つことになる．実質的には3枚投入された状態であるのは一瞬であり，定義しなくても図6.3のように運用すれば問題はない．むしろ状態の数が少ない方がシステムは簡潔になり，都合が良いため，この例では3状態のシステムとしている．

　図6.3のような図を一般に状態遷移図と呼ぶ．また，このような状態を定義し，状態遷移をすることは，この例では投入された硬貨の枚数を記憶し，正確に定められた枚数が投入されたら特定の出力を行い，初期化するという仕組みを実現している．このような仕組みを**オートマトン**（automaton；自動装置）という．一般にコンピュータを用いたシステムでは，複雑さに違いはあっても，原理的にはこれと類似した方法で，各種の動作の制御を行うことがある．

6.2.2　状態遷移表

　では，このような状態遷移の仕組みを，実際のコンピュータの内部ではどのように実現すればよいだろうか．上の例では自動販売機に投入された硬貨の枚数を数え，その枚数によって出力が異なっていた．すなわち，2枚投入された状態からさらにもう1枚投入された場合にのみジュースを出力し，それ以外は

何もしない（何もしないという出力と考えてもよい）という設定である．つまり，状態とは数を数えて記憶することで実現できるが，コンピュータシステムにおける状態の定義も一般にこのような仕組みが用いられている．コンピュータシステム上で数を数える仕組みは通常，**カウンタ**（counter）と呼ばれ，その構成は次章で詳しく説明する．

これまで説明したフリップフロップは0か1か（LかHか）を記憶することができるので，入力により2つの状態の遷移を行っており，これは1ビットのカウンタであると考えることもできる．すでにこれまでの説明で用いているが，改めて記述すると，このようなフリップフロップの状態遷移を表にまとめたものを状態遷移表と呼ぶ．前章で提示した表5.3〜表5.7はそれぞれ SR, T, JK, D の各フリップフロップの状態遷移表である．共通していえることは，どの表でも出力状態として現在の状態と次の状態の2つが定義されており，現在の状態が入力によってどのように次の状態に遷移するのかが記されている．どのフリップフロップも記憶している状態は1ビットであるため，前述のように1ビットの状態遷移，すなわち2つの状態（0か1，あるいはLかH）の間での遷移となっている．

例題6.2 図6.3にならい，100円と50円の2種類の硬貨のみが使える自動販売機で250円の品物を売るシステムの状態遷移図を描け．ただし，終了状態では品物と，もしあれば，おつりも出力するものとし，終了状態と初期状態を同一の状態で兼ねるものとする．

解答 図6.4に示す通り．ただし円内の数字はそれまでに投入された金額を表しており，0円，50円，100円，150円，200円の5個の状態を用い，250円以上投入さ

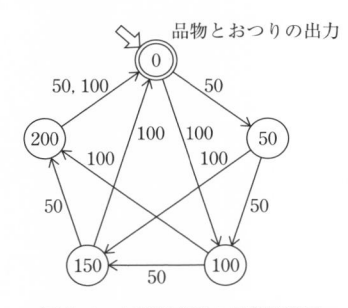

図6.4 自動販売機の状態遷移図

れた場合は0円の初期状態に戻すと同時に品物とおつりを出力するようにしている. また，矢印の脇に記した数字は投入した硬貨の金額である.

6.3 順序回路の設計法

6.3.1 設計の手順

先に説明したように，フリップフロップは最も単純な状態遷移を行う回路であり，状態遷移を行う場合には図6.3に示したように，必ず初期状態から始まり，決まった順序で各状態を経由して最終的に終了状態に達する．すなわち，決まった順序で状態遷移を行うことになっており，でたらめな順序での遷移は発生しない．これはコンピュータシステムには，同じ操作を行った場合にはいつでも同じ結果を出力することが期待されているからである．このような機能を実現する回路を一般に**順序回路**と呼ぶ．ただし，複雑なシステムでは状態遷移の経路や終了状態が複数存在することもある．

順序回路を，フリップフロップを用いて構成することを考えよう．すでに説明したフリップフロップは2状態の最も単純な順序回路であるが，もう少し複雑なものを考える場合はどのように設計すればよいだろうか．

一般に順序回路を設計する際には次の4段階の手順を踏むとよい．

手順1 初期状態と終了状態を含む複数の状態を定義し，次いで各状態への入力とそれによって発生する状態遷移および出力を定義する．（状態遷移図の作成）

手順2 各状態および入出力を表す2進数の値を決め，手順1で作成した状態遷移図をこの値を用いて描き直す．（状態遷移図における状態，入出力の2進表記/2進コード化）

手順3 現在の状態から入力により次の状態に遷移し，出力を行う様子を状態遷移表にまとめる．（状態遷移表の作成）

手順4 状態遷移表に従って，状態遷移図と同様の動作を行う順序回路を，フリップフロップと組合せ回路を用いて設計する．

上記の手順を用いて，実際に順序回路を設計してみよう．簡単のため，先に示したジュースの自動販売機の例を用いて説明する．ただし，上記の手順1における状態遷移図の作成は，図6.3にあるものを用いることですでに終了して

いることとしよう.

6.3.2 2進表記化

次にこれを手順 2 で示したような 2 進表記の状態遷移図に描き直す. 状態の数は 3 なので, 2 進数で表現するためには 1 桁 (1 ビット) では不足する. よって, 状態は, 00, 01, 10 で表される 3 状態とする. 11 は余ってしまうが, これには状態を割り当てない. また, 入力は硬貨の投入なので, これがある場合は 1, ない場合は 0 として, これは 1 桁で表現できる. 出力もジュースを出す場合は 1, 出さない場合は 0 として, これも 1 桁で表現できる.

図 6.3 を上記の 2 進数を用いて描き直したものを図 6.5 に示す. 図中の状態を表す丸印の内部には, その状態を表す 2 桁の 2 進数と, その状態で出力される値 (ジュースを出すかどうかの 0 または 1) を "/" で区切って表記している. 状態と状態をつなぐ矢印に付された値は入力値で, 硬貨が 1 枚投入される場合を 1, 投入されない場合は 0 とすると, この例では入力が 1 の場合は次の状態へ遷移し, 0 の場合はそのまま同じ状態にとどまる. 入力が 0 で状態が元のままにとどまることを明に表す矢印は図 6.3 では省略してあった.

なお, 今回の例では状態 00 (初期状態と終了状態を兼ねた状態) でジュースを出力するのは, 状態 10 から遷移して状態 00 に達した場合のみとし, 状態 00 から入力 0 により継続して状態 00 にとどまった場合にはジュースの出力はないものとしているので注意されたい. このことは図 6.5 の状態遷移図のみから読み取ることはできないため, 説明がなければこの状態遷移図の一般的な解釈では入力 0 でも毎回ジュースが出力するように定義されていると理解される可能性がある.

6.3.3 状態遷移表の作成

次に手順 3 に進む. 上記のような 2 進表記を用いた状態遷移表を作成すると表 6.2 のようにまとめられる.

この表では, 現在の状態を 2 ビットの 2 進数 $C_1 C_0$ として, 3 つの状態 00, 01, 10 を表の左端に記述している. 加えて, これら全ての状態に対して, 入力が 0 だった場合と 1 だった場合に分けて, 次の状態と出力もその右側に記述されている. 現在の状態を表す $C_1 C_0$ と同様に, 次の状態は上位ビット N_1, 下位ビット N_0 の 2 ビットで記述している. 入力が 0 のときは状態遷移が発生せず, 反対に 1 のときはひとつ先の状態に遷移しているのがわかる. ここで, 入力 1 に

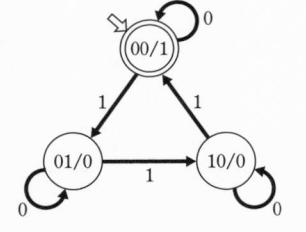

図6.5 2進表記を用いた状態遷移図

表6.2 ジュースの自動販売機の状態遷移表

現在の状態		入力（*Input*）0			入力（*Input*）1		
		次の状態		出力	次の状態		出力
C_1	C_0	N_1	N_0	*Output*	N_1	N_0	*Output*
0	0	0	0	0	0	1	0
0	1	0	1	0	1	0	0
1	0	1	0	0	0	0	1

よる状態 10 からの次の遷移先は初期状態 00 となっていることに注意されたい．出力は現在の状態が 10 のとき，1 が入力されて次の状態として初期状態 00 に戻った場合のみ 1 となり，それ以外の場合は全て 0 となっている．以上のことから表 6.2 は，図 6.5 で示した状態遷移図を忠実に反映した状態遷移表となっていることがわかる．

6.3.4 回路の設計

最後に手順 4 として，上記の状態遷移表に従って，現在の状態に対して入力が与えられたときに正しく次の状態に遷移し，かつ出力を行い，遷移した先の状態を新規の「現在の状態」として保持して次の入力を待つことができる回路を設計する．これがジュースの自動販売機の機能を構成する順序回路である．

簡単のため，入力は 1 ビット（硬貨 1 枚の投入の有無）で，出力も 1 ビット（ジュースの出力の有無）とする．現在の状態 2 ビットは記憶される必要があり，記憶された各状態と入力の組合せによって，次の状態 2 ビットが決まり，次の「現在の状態」として記憶が上書きされる．

まずは入力によって次の状態 N_1N_0 が決定される組合せ回路を作成することができるので，これをカルノー図により求めてみよう．ここでは N_1 と N_0 の決定回路を別々に求めてみる．ただし，状態 11 は使用されていないため，ドントケアとして扱ってよい．よって，図 6.6 から，

$$N_1 = (C_1 \cdot \overline{Input}) + (C_0 \cdot Input) \tag{6.1}$$

図 6.7 から，

$$N_0 = (C_0 \cdot \overline{Input}) + (\overline{C_1} \cdot \overline{C_0} \cdot Input) \tag{6.2}$$

を得る．

同様にして，出力 *Output* を決定する回路についても考える．先にも述べたよ

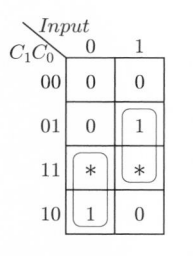

図6.6 N_1 を求めるカルノー図

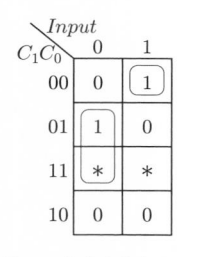

図6.7 N_0 を求めるカルノー図

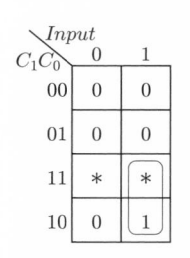

図6.8 出力（$Output$）を
求めるカルノー図

うに出力が1になるのは，現在の状態が10かつ入力が1となったときのみで，それ以外の組合せでは常に0である．よって，カルノー図を描くと図6.8のようになる．図6.8から，

$$Output = C_1 \cdot Input \qquad (6.3)$$

を得る．ただし後述するように，$Output$ はこのままでは正しく動作しないため，実際には C_1 と $Input$ に加えて CLK も交えた AND をとる必要がある．

6.3.5 回路の構成

以上のようにして求めた回路を用いて，ジュースの自動販売機の機能を構成する順序回路を構成する．このとき，状態を記憶する部分には種々のフリップフロップを用いることが可能であるが，ここでは D フリップフロップを用いることにする．また，自動販売機を強制的に初期状態に戻すリセット（Reset）端子も付けてみる．1ビットのリセット信号が1のときだけ，次のクロックの立ち上がりで現在の状態を表す C_1C_0 が00にリセットされる．

状態のリセットを行うための組合せ回路として，第4章で説明したマルチプレクサを導入する．具体的には図6.9のようになる．このマルチプレクサは2つの入力 A, B と出力 $MUX\text{-}out$ を持ち，$Reset$ 信号が0の場合には入力 A が，1の場合には入力 B が，$MUX\text{-}out$ から出力される．

この回路をそのままジュースの自動販売機の機能を構成する順序回路に組み込むと図が煩雑になるので，簡略化した図6.10に置き換えることにする．

ここまでの内容をまとめると，目的の順序回路は図6.11に示すようなものになることがわかる．この回路では，まずリセット信号（Reset）を1とすると次のクロックで状態 C_1C_0 が00に初期化され，初期状態となる．（初期化以前に投

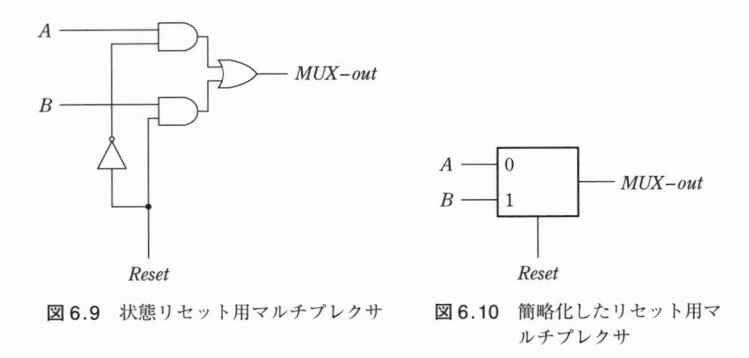

図 6.9 状態リセット用マルチプレクサ

図 6.10 簡略化したリセット用マ
ルチプレクサ

入された硬貨があれば，現実にはそれらの排出，返金などの操作が必要となる
が，ここでは省略する．）その後リセット信号は 0 を保つものとする．次に，硬
貨の投入を意味する入力（*Input*）があるたびに理想的にはクロック（*CLK*）に
従って状態が 01, 10 と変化し，次の入力で状態 $C_1 C_0$ が 10 から 00 に戻ったとき
に，出力（*Output*）が 0 から 1 に変化する．このタイミングで実際の自動販売
機ならばジュースを放出すればよい．また，この時点で状態は初期状態に戻り，
次の客を待つ状態となる．しかし実際には状態 01 において，*Input* が 1 となり，
これに重ねて *CLK* が立ち上がりフリップフロップの動作に要するわずかの遅
れの後，01 から 10 に状態遷移した瞬間に，まだ *Input* が 1 のままであれば，
式（6.3）の *Output* の値が 1 となり即座にジュースが放出されてしまう．硬貨
は 2 枚しか投入されていないので，この動作は意図していない．そこで *Input*
が 1 である時間をある程度の長さ（クロックの 1 周期程度）まで許容するため
には

$$Output = C_1 \cdot Input \cdot CLK \qquad (6.4)$$

とする必要がある．図 6.11 にはこの点を反映させた．

リセット信号が 0 である通常時は，この順序回路の中央に縦に 2 つ並んでい
るマルチプレクサは 0 側の入力を N_1 および N_0 として D フリップフロップの入
力端子に素通ししているが，リセット信号が 1 となったときは，両マルチプレ
クサの 1 側の入力である 0（アースとして描かれている）が N_1, N_0 として D フ
リップフロップに供給され，次のクロックのタイミングで状態 $C_1 C_0$ は強制的に
00 に初期化される．この例ではこのような初期化をリセットとしているが，一

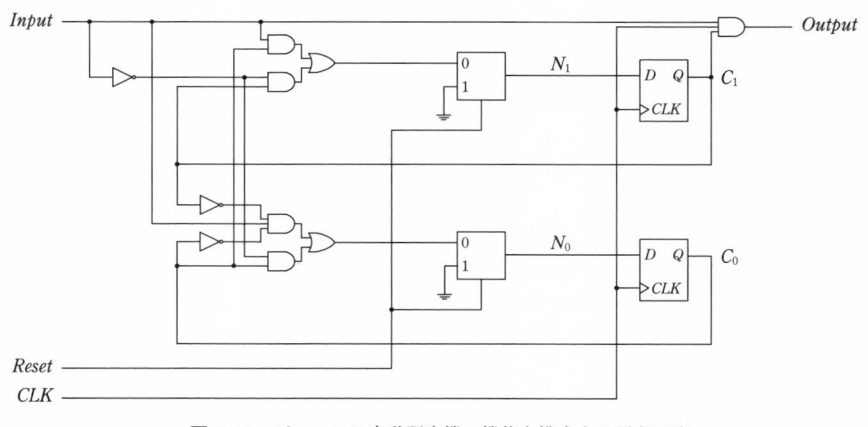

図 6.11　ジュースの自動販売機の機能を構成する順序回路

般には別の値に強制的に変更することもできる.

　状態 $C_1 C_0$ を強制的に 00 に初期化する場合を特にクリアと呼び,D フリップフロップや JK フリップフロップにこの機能が組み込まれる場合がある. これは,理論上は図 6.11 の D フリップフロップ 1 個と,その左側にある 1 入力をアースと接続したマルチプレクサ 1 個とをまとめて構成したものと考えられる. ただしこの場合は D 入力とクリアの選択のために図 6.9 で示したマルチプレクサをそのまま流用するよりも簡単な構成にできる. これを図 6.12 に示す. その際には,これらのフリップフロップは図 6.13,および図 6.14 のような記号で表記され,これらフリップフロップが何らかの回路に組み込まれる際には,その CLR 信号の入力で自身の初期化に使用されることがある.

　クリアの方法にはクロックに同期するものとしないものがあり,図 6.12 における D フリップフロップは前者の例である.

　図 6.11 で示した順序回路の説明に話を戻そう. D フリップフロップの N_1,N_0 入力は,クロックと同期して次のタイミング(Next)で「現在の状態」を表す 2 ビット $C_1 C_0$ となる値であり,これはリセット信号が 1 の場合を除き,回路の左側にある組合せ回路によって決定されている. この回路構成となる根拠は,前述の式(6.1)および(6.2)で示した通りである. また,D フリップフロップの出力である C_1,C_0 は現在(Current)の状態を表していることはこれまで

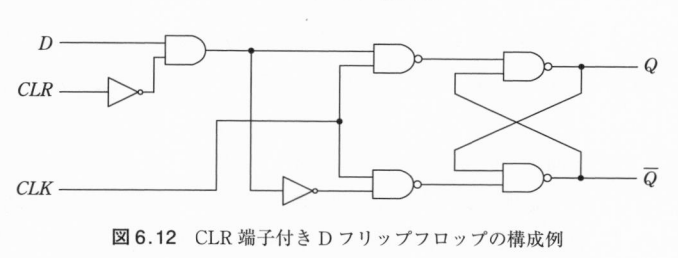

図 6.12　CLR 端子付き D フリップフロップの構成例

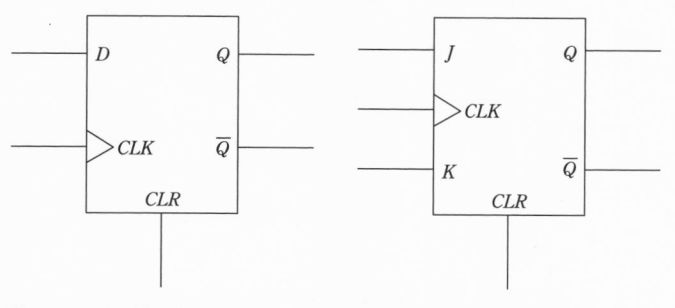

図 6.13　CLR 端子付き D フリップ
　　　　　フロップの記号

図 6.14　CLR 端子付き JK フリップ
　　　　　フロップの記号

に述べた通りであるが，これが回路の左側の組合せ回路にフィードバックされ
ており，次の状態を決めるのに利用されていることに注意されたい．

　ジュースの放出のための信号となる出力（*Output*）は，前述の式（6.4）で示
した論理演算の通り，単純に *Input* と C_1 および *CLK* の AND をとることで決
定されていることも明らかである．

6.3.6　現実の回路における問題点

　さて，ここまでジュースの自動販売機の例を挙げて典型的な順序回路の設計
方法について説明してきたが，上記の順序回路にはこのまま実際に使用しよう
とすると困難な点がある．この回路はクロックに従って動作が確定されていく．
1 枚の硬貨の投入が行われるごとに，*Input* 信号が 1 になることを仮定している
が，この信号が 1 である時間がちょうど 1 回のクロックの立ち上がりにうまく
重ならないと正しく 1 枚分のコインの投入がカウントできない．1 枚しか投入
されていないのに，*Input* 信号の 1 である時間が長すぎて 2 回分のクロックの
立ち上がりを含んでしまうと状態が 2 つ進み，2 枚分の硬貨を入れたように誤
認識してしまう．また，*Input* 信号が 1 である時間間隔が 2 回の連続するクロ

ックの立ち上がりの間に収まってしまうと，この 1 枚分のコインの投入はフリップフロップに認識されないので，やはり正しく 1 枚分の投入がカウントできない.

　さらに，1 回の *Input* 信号が 1 である期間に，*CLK* 信号により状態を表すフリップフロップの出力値 C_1C_0 が変化した際，まだ *Input* 信号が 1 である時間が十分残っている場合には，変化した C_1C_0 の値のフィードバックにより N_1N_0 は次の状態に遷移する.　この遷移は同期間内にさらに *CLK* がない限り再度 C_1C_0 には反映されないので実害はないが，意図していない動作である.　よって当然のことながら，*CLK* は幅が狭く周期の短いパルス信号としてフリップフロップの出力が自身の意図しないフィードバックに影響されないようにする必要がある.

　別の回路を加えて上記のようなことが起こらないようにすることも可能であるが，実際の順序回路ではもっとシンプルな方法で確実な状態遷移を行うことができる.　その筆頭に挙げられるのが，**カウンタ**（counter）である.　フリップフロップを複数個連結して構成され，これら全体で，クロック入力として与えられる矩形信号の立ち上がり（あるいは立ち下がり）の回数を確実に記憶することができる.　よって，カウンタを順序回路として利用する際には，この記憶された数値を各状態として，状態遷移を管理できる.　次の章ではカウンタを含む代表的な順序回路について学ぶ.

例題 6.3　例題 6.2 で求めた状態遷移図を，2 進コードを用いて描き換え，状態遷移表を作成せよ.

解答　状態遷移図と状態遷移表を以下の図 6.15 および表 6.3 に示す.　この場合，5 状態あるため，これを表すために 3 ビット，入力が 3 種類あるので 2 ビット，出力も何も出力しない場合，品物のみを出力する場合，および 50 円のおつりと品物を出力する場合を区別して 3 種類の出力とすると 2 ビット，それぞれ用いるようになっており，いずれも図 6.5，表 6.2 の場合と比べて桁数が増えている.　ただし出力については，何も出力しない場合を 00，品物のみの場合を 01，品物とおつりの両方の場合を 10 とした.

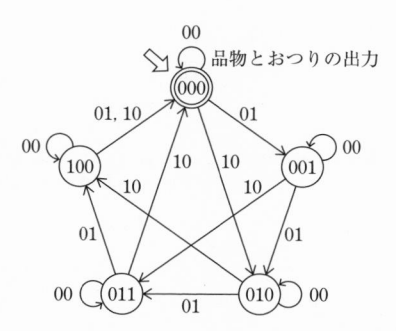

図 6.15 例題 6.2 のシステムの 2 進コードを用いた状態遷移図

表 6.3 例題 6.2 のシステムの状態遷移表

現在の状態			入力 00					入力 01					入力 10				
			次の状態			出力		次の状態			出力		次の状態			出力	
C_2	C_1	C_0	N_2	N_1	N_0	*Output*		N_2	N_1	N_0	*Output*		N_2	N_1	N_0	*Output*	
0	0	0	0	0	0	0	0	0	0	1	0	0	0	1	0	0	0
0	0	1	0	0	1	0	0	0	1	0	0	0	0	1	1	0	0
0	1	0	0	1	0	0	0	0	1	1	0	0	1	0	0	0	0
0	1	1	0	1	1	0	0	1	0	0	0	0	0	0	0	0	1
1	0	0	1	0	0	0	0	0	0	0	0	1	0	0	0	1	0

演習問題 ━━━━━━

6.1 図 6.1 において enable 端子がどのような役割を果たしているかについて述べよ.

6.2 コンピュータシステムにおける状態遷移とは何か,述べよ.

6.3 図 6.3 に示したジュースの自動販売機の状態遷移図は単純化されているが,実際の自動販売機ではさらにどのような状態が考えられるか,例を挙げて説明せよ.

6.4 図 6.11 に示した回路において,*Input, CLK, N_1, N_0, C_1, C_0, Output* からなるタイミングチャートを描け.ただし,硬貨の投入では硬貨 1 枚につき *Input* 信号が適切な時間だけ 1 になり,正しく枚数をカウントできるものとする.

6.5 6.3 節での説明にならい,図 6.11 で示した回路と同様に,ただし硬貨 5 枚でジュースが放出される自動販売機について,状態遷移図,および状態遷移表を作成せよ.

7 代表的な順序回路

本章では，代表的な順序回路としてカウンタとレジスタについて説明する．カウンタは回路に入力された矩形波のパルス（クロック信号など）の個数を数える回路である．発振周波数が安定したパルスを数えることにより，時計やタイマーを構成できる．また各種計測分野でも幅広く使用されており，さらに入力信号の周波数を遅くする回路（分周回路）も構成できる．

一方，レジスタは値を記憶する回路である．各種演算データの一時記憶に用いられる．シフトレジスタは，データを上位または下位ビット方向に，順番に移動する機能を持つ．なおデータを 1 ビットずつ順番に入力して，複数ビットを並列に出力すればシリアル–パラレル変換回路，逆に複数ビットを並列に入力して，1 ビットずつ順番に出力すればパラレル–シリアル変換回路となる．さらに両者を組み合わせるとシリアル通信が実現でき，インターフェイスの基本回路としても重要である．

なお，本章で説明する回路はさまざまなフリップフロップを用いて多様な設計が可能であるが，混乱を避けるために主として JK フリップフロップを用いて設計し，他のフリップフロップを用いた例は補足的に説明する．

7.1 非同期カウンタ —————————

カウンタ（counter）は入力されたパルスの数を数える回路である．正確な間隔で発生するパルスを数えることにより，時間を計測でき，時計やタイマーを構成できる．また超音波発信器と受信器を組み合わせて距離計測にも応用できる．また，キャパシタを未知の電圧で一定時間充電後に，放電に要した時間を測ることで電圧を知ることができる．さらに，パルスが N 個入力されるたびに出力パルス信号を発生させれば，元の信号の周波数を $1/N$ にする分周回路になる．

カウンタ回路は，基準クロックに同期させるか否かで，非同期カウンタと同期カウンタに分類される．またカウント法として，昇順に（小さい値から大きい値へ）カウントする**アップカウンタ**（または単にカウンタ）と，降順に（大きい値から小さい値へ）カウントする**ダウンカウンタ**，さらに両方の機能を備えた**アップダウンカウンタ**がある．

前章までは，主にクロックの立ち上がりで動作する回路を用いた説明となっていたが，クロックの立ち下がりで動作する回路も幅広く用いられている．この章では主として（マスタ-スレーブ型）JK フリップフロップを用いた回路を取り上げるため，立ち下がりで動作する回路を用いる．なお回路の動作理解と設計の容易さから，非同期ダウンカウンタではクロックの立ち上がりで動作する回路を用いて説明する．

7.1.1 2^N 進カウンタ

（アップ）カウンタ回路の動作波形を図 7.1 に示す．簡単のため 3 ビットカウンタ回路を考察する．3 ビットの 2 進数 $Q_2 Q_1 Q_0$ は $000 \rightarrow 001 \rightarrow \cdots \rightarrow 111$ のように 0 から 7（2^3-1）までを順番に出力する．すなわち 0 から 7 までをカウントする．8 個目のパルス入力後は 0 に戻り，再びカウント動作する．

まず Q_0 を考察すると，クロック CLK の立ち上がり時には変化せず，立ち下がり時にだけ変化することがわかる．これより Q_0 の周期は CLK 周期の 2 倍になる．同様に Q_1 は Q_0 の立ち下がり時にだけ変化し，Q_1 の周期は Q_0 の 2 倍に

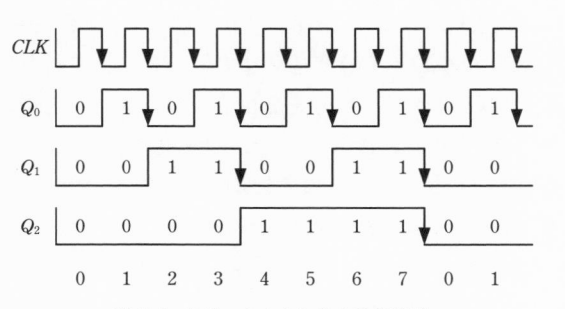

図 7.1 3 ビットカウンタの動作波形

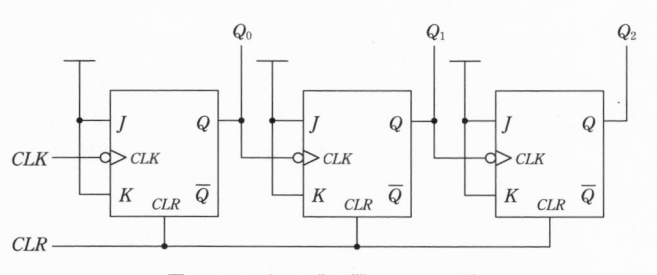

図 7.2 3 ビット非同期カウンタ回路

なる．さらに Q_2 の周期は Q_1 の2倍になる．したがって，Q_0 を 2^0 の桁とみなすと，Q_1 は 2^1 の桁，Q_2 は 2^2 の桁になる．全段で立ち下がり動作なため，回路は図7.2になる．

この回路で各 JK フリップフロップは $J=K=1$ に設定されているため，入力が入るたび出力が反転する．また CLK 入力端子には○が付いているため，立ち下がりで動作する．各段は全て同じ形になっており，CLK 端子に入力された信号の周期を2倍にして出力する．もし N 段接続すれば，0から 2^N-1 まで昇順にカウントする回路，すなわち 2^N 進カウンタになる．なおクリア信号 CLR は全段の値を0にリセットする信号である．

7.1.2 2^N 進以外のカウンタ

実際の応用では，2^N 進以外のカウンタも必要である．例えば，M 進カウンタの場合は，$\lceil \log_2 M \rceil$ 個のフリップフロップを必要とする（ここで $\lceil x \rceil$ は x 以上の最小の整数）．

例として6進カウンタを設計する．6進カウンタは $000 \to 001 \to 010 \to 011 \to 100 \to 101 \to 000 \to 001 \to \cdots$ のように出力し，5の次に0を出力する必要がある．そこで，出力が6になった瞬間にクリア信号 Cr を発生させる．6は2進数では110なので，$Q_2 Q_1 \overline{Q_0} = 1$ のときクリア信号を発生させればよい．しかし実際には $Q_2 Q_1 = 1$ のときクリア信号を発生させればよい．その理由を以下に示す．クリア信号 Cr に関する真理値表を表7.1に示す．したがって $Q=0\sim5$ のとき $Cr=0$，$Q=6$ のときに $Cr=1$，また実際には生じない $Q=7$ に対してはドントケアとしてよい．これよりカルノー図は図7.3になる．したがって，クリア信号 $Cr=Q_2 Q_1$ となるので6進カウンタの回路は図7.4になる．

表7.1　クリア信号に関する真理値表

Q_2	Q_1	Q_0	Cr
0	0	0	0
0	0	1	0
0	1	0	0
0	1	1	0
1	0	0	0
1	0	1	0
1	1	0	1
1	1	1	*

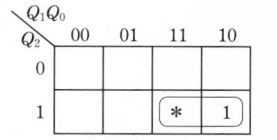

図7.3　クリア信号を求めるためのカルノー図

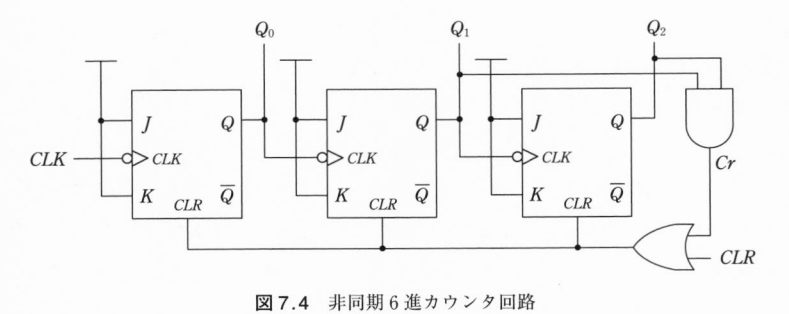

図7.4 非同期6進カウンタ回路

例題7.1 非同期10進カウンタ回路を設計せよ.

解答 $\lceil \log_2 10 \rceil = \lceil 3.32 \rceil = 4$ であるから4つのフリップフロップが必要である(4ビットでは0から15までを表せる).クリア信号は $Q = 0 \sim 9$ のとき $Cr = 0$,$Q = 10$ のときに $Cr = 1$,また実際には生じない $Q = 11 \sim 15$ に対してはドントケアとするので,カルノー図は図7.5のようになる.これより $Cr = Q_3 Q_1$,回路は図7.6になる.

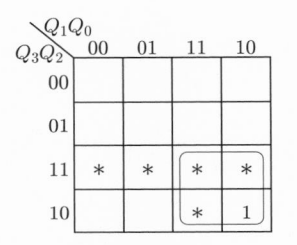

図7.5 クリア信号を求めるためのカルノー図

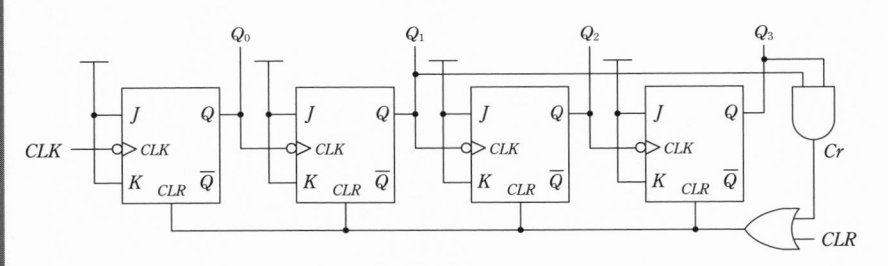

図7.6 非同期10進カウンタ回路

　なお，初期値は必ずしも 0 である必要はない．一例として 4〜9 をカウントする回路を図 7.7 に示す．

　これはリセット時に $Q_3Q_2Q_1Q_0 = 0000$ ではなく，0100 としたものである（フリップフロップは CLR 信号を SET 端子に入れることで初期値を 1 にできる）．

　非同期カウンタでは，最下位ビットから最上位ビットに向かって値が順番に変化するため，一段あたりの遅延を τ とすると $N \times \tau$ の遅延が生じる．したがって，高速な動作には適さない．さらに各桁の変化が同時ではないため，例えば 8 進カウンタで 7 から 0 に変わる場合は図 7.8 に示すように 111（7）→ 110（6）→ 100（4）→ 000（0）と出力する．すなわち本来生じてはいけない 6 や 4 を生じるので高速な回路では誤動作の原因になる．

　また非同期カウンタでは不要なパルスが生じることがある．例えば 10 進カウンタで 9 から 0 に変わる場合，9（1001）→ 0（0000）ではなく，9（1001）→ 10（1010：瞬間的）→ 0（0000）となるためである．Q_3 は 1 → 1 → 0，Q_2 は 0 → 0 → 0，Q_1 は 0 → 1 → 0，Q_0 は 1 → 0 → 0 と変化するため，Q_1 に瞬間的なパルスが生じる．その様子を図 7.9 に示す．

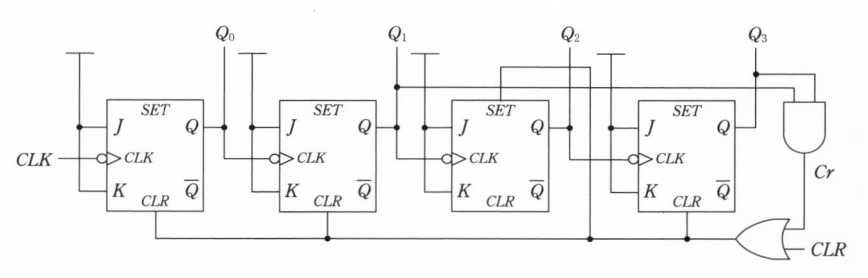

図 7.7　4 から 9 までのカウンタ回路

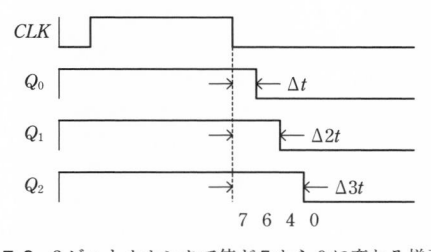

図 7.8　3 ビットカウンタで値が 7 から 0 に変わる様子

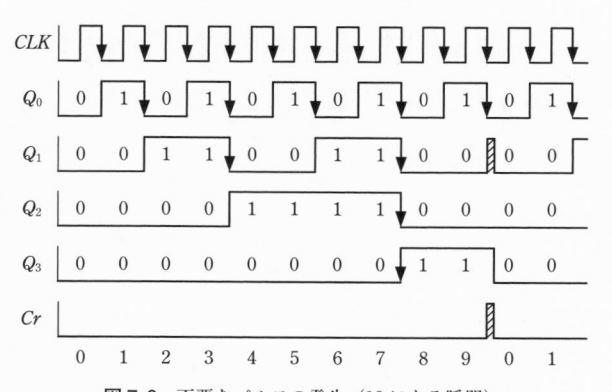

図 7.9 不要なパルスの発生（10 になる瞬間）

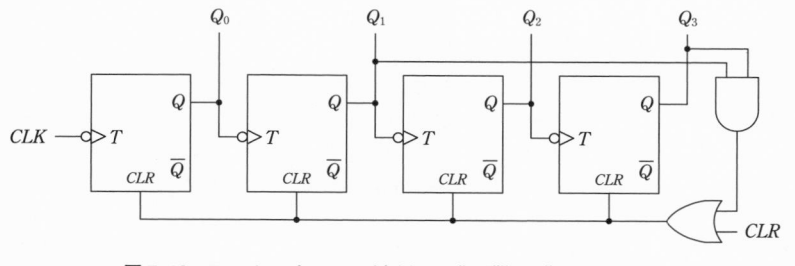

図 7.10 T フリップフロップを用いた非同期 10 進カウンタ回路

なお，これまで示した回路では JK フリップフロップを用いたが，T フリップフロップを用いても設計することができる．非同期 10 進カウンタの回路を図 7.10 に示す．

7.1.3 ダウンカウンタとアップダウンカウンタ

これまではアップカウンタ（小さい値から大きい値にカウント）を示したが，ダウンカウンタを設計することもできる．動作波形を図 7.11 に示す．

ダウンカウンタの波形をよく観察すると，Q_0 は CLK の立ち上がり時に反転し，また Q_1 は Q_0 の立ち上がり時に反転する，というように前段出力の立ち上がり時に反転する．したがって CLK の立ち上がり時で動作する JK フリップフロップを用いて，アップカウンタと同様に設計すればよい．3 ビット非同期ダウンカウンタ回路を図 7.12 に示す（CLK 入力端子に○が付いていないことに注意）．

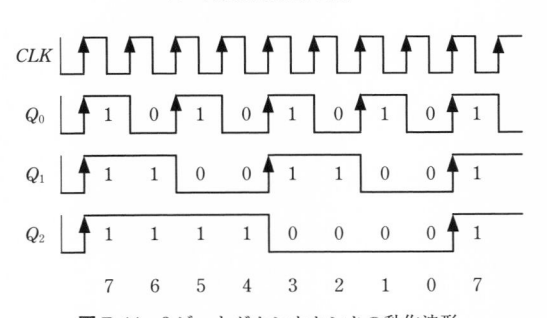

図7.11 3ビットダウンカウンタの動作波形

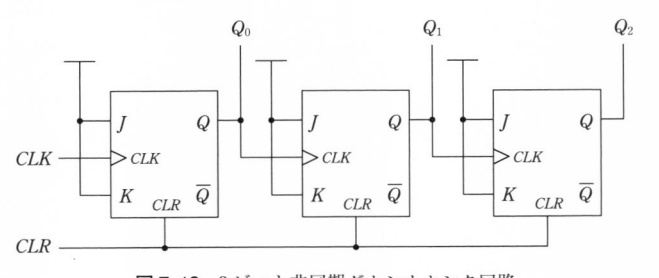

図7.12 3ビット非同期ダウンカウンタ回路

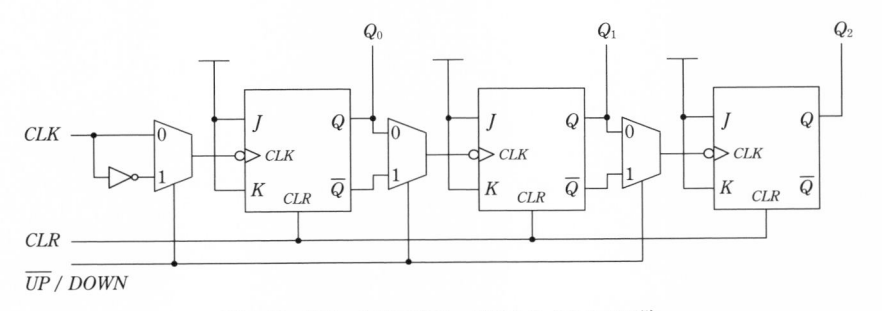

図7.13 3ビット非同期アップダウンカウンタ回路

　さらに，アップカウンタとダウンカウンタの両方の機能を持つアップダウン
カウンタ回路を図7.13に示す．同図で $\overline{UP/DOWN}$ 信号は機能の選択信号であ
り，0だとアップカウンタ，1だとダウンカウンタになる．

　なお，図中で用いられているセレクタは，図7.14に示される真理値表と等価
回路で実現される．すなわち $S=0$ のときは入力 A を，$S=1$ のときは入力 B を
F に出力する．

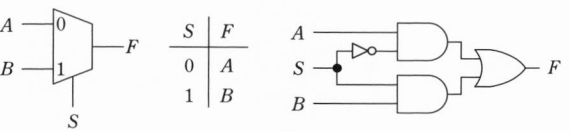

図 7.14 セレクタ回路

7.2 同期カウンタ ━━━━━━━━

すでに述べたように，非同期カウンタは最下位桁から最上位桁に向かって順番に動作するため遅延が大きく，また初期値に戻る際に不要なパルスが生じる欠点がある．そこで各桁が一斉に動作するように改良したものが同期カウンタである．

カウンタの動作波形（図 7.1）を再度考察すると，桁上がりが生じるとき，すなわち下位の桁が全て 1 に揃ったときに，桁上がりが生じてビット反転が生じることがわかる．例えば，Q_1 は Q_0 が 1 のとき，Q_2 は Q_1 と Q_0 がともに 1 のとき，また Q_3 は $Q_2 \sim Q_0$ が全て 1 のときに反転する．この考察から同期カウンタは図 7.15 に示す回路となることがわかる（16 進カウンタ）．

2^N 進カウンタでない場合は修正が必要である．例として 10 進カウンタを設計する．10 進カウンタの場合は 9 の次に 0 になるように設計する．ここでは一般的に適用できる方法を示す．

まず**励起表**（excitation table）を作成する（表 7.2）．励起表は状態 Q_i から次

図 7.15 同期 16 進カウンタ回路

表7.2 10進カウンタの励起表

現在の値				次の値				制御信号			
Q_3	Q_2	Q_1	Q_0	$Q_3{}'$	$Q_2{}'$	$Q_1{}'$	$Q_0{}'$	JK_3	JK_2	JK_1	JK_0
0	0	0	0	0	0	0	1	0	0	0	1
0	0	0	1	0	0	1	0	0	0	1	1
0	0	1	0	0	0	1	1	0	0	0	1
0	0	1	1	0	1	0	0	0	1	1	1
0	1	0	0	0	1	0	1	0	0	0	1
0	1	0	1	0	1	1	0	0	0	1	1
0	1	1	0	0	1	1	1	0	0	0	1
0	1	1	1	1	0	0	0	1	1	1	1
1	0	0	0	1	0	0	1	0	0	0	1
1	0	0	1	0	0	0	0	1	0	0	1

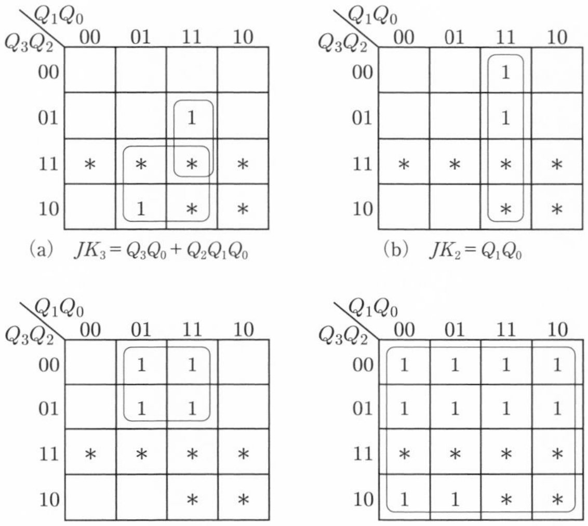

(a) $JK_3 = Q_3Q_0 + Q_2Q_1Q_0$

(b) $JK_2 = Q_1Q_0$

(c) $JK_1 = \overline{Q_3}Q_0$

(d) $JK_0 = 1$

図7.16 制御信号 JK_3 から JK_0 を求めるためのカルノー図

の状態 $Q_i{}'$ へ変化させるために必要な入力信号をまとめたものである.

またJK_i は，Q_i と $Q_i{}'$ が一致しなければ1，一致している場合は0を割り当てる．これは $J = K = 1$ であればトグル動作，$J = K = 0$ であれば値の保持になるらである.

次に JK_i の論理式を導くために，カルノー図を作り，簡略化された論理式を

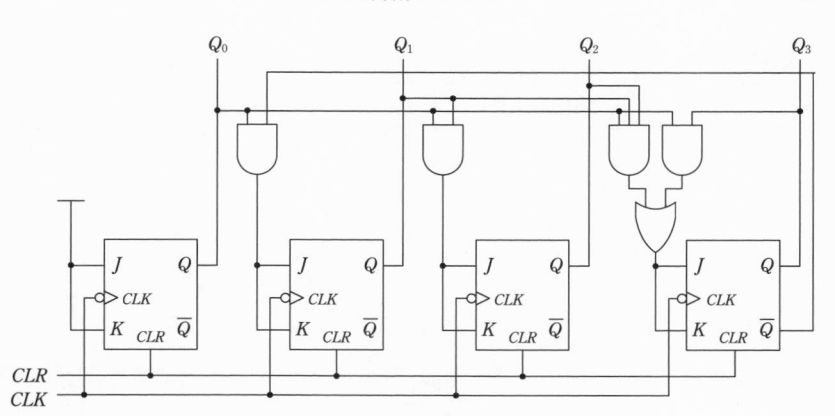

図7.17 同期10進カウンタ回路

求める．結果を図7.16に示す．なお，$Q_3Q_2Q_1Q_0 = 10 \sim 15$（$1010 \sim 1111$）に該当する箇所はドントケア項にする．

したがって求めるカウンタ回路は図7.17になる．

例題 7.2　同期6進カウンタ回路をDフリップフロップを用いて設計せよ．

解答　まず励起表を作成する（表7.3）．次の瞬間にとる値Q'がそのままD入力になることに注意する．この表からD_2，D_1，D_0に関するカルノー図（図7.18）を作成し，論理式を求める．得られた回路を図7.19に示す．

表7.3　6進カウンタの励起表

現在の値			次の値		
Q_2	Q_1	Q_0	$Q_2'(=D_2)$	$Q_1'(=D_1)$	$Q_0'(=D_0)$
0	0	0	0	0	1
0	0	1	0	1	0
0	1	0	0	1	1
0	1	1	1	0	0
1	0	0	1	0	1
1	0	1	0	0	0

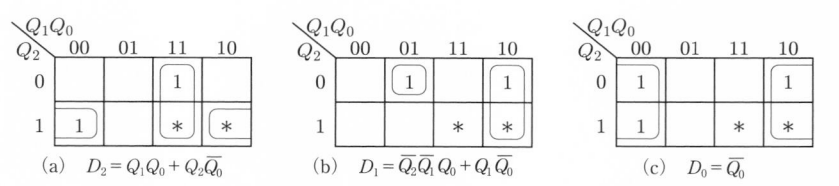

図7.18　D フリップフロップの入力 D_2 から D_0 を求めるためのカルノー図

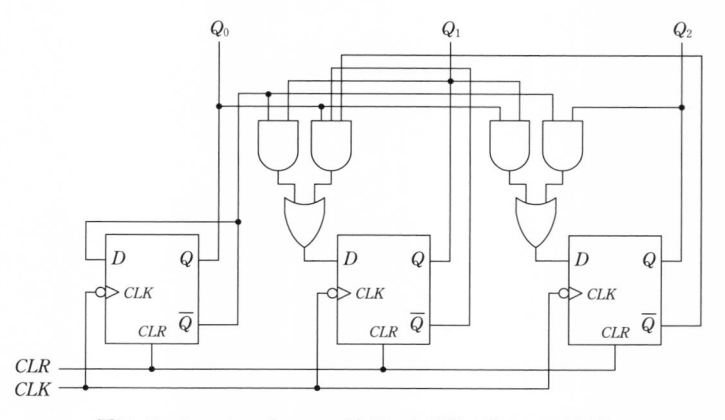

図7.19　D フリップフロップを用いた同期 6 進カウンタ回路

7.3　レ ジ ス タ

レジスタ（register）はデータを一時的に記憶するための回路であり，コンピュータでは多用される．例えば 32 ビットプロセッサの場合は 32 ビットのレジスタが多数個使われる．図 7.20 にコンピュータの演算部を示す．ここで，**ALU**（Arithmetic and Logic Unit）は算術論理演算ユニットと呼ばれ，加減乗除算や論理演算などを行う．また R0〜R3 は**汎用レジスタ**（general register）であり，各種演算結果の一時的な記憶に用いられる．Bus A〜Bus C はバス（bus）であり，データの通路として用いられる．32 ビットのプロセッサであれば 32 本の配線の束である．例として R0 と R1 の内容を足して R2 に格納する演算のデータの流れを図 7.21 に示す．

　コンピュータ内部には，汎用レジスタ以外にも多くのレジスタが使われる（表 7.4）．

　4 ビットレジスタの例を図 7.22 に示す．JK フリップフロップは「$J=1$ かつ

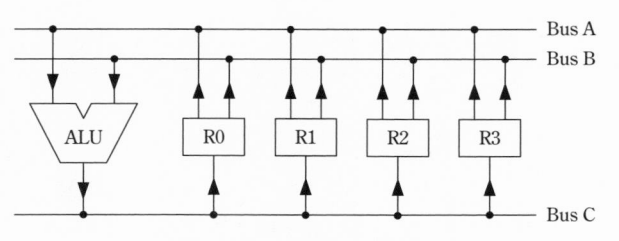

図7.20　コンピュータの演算部分

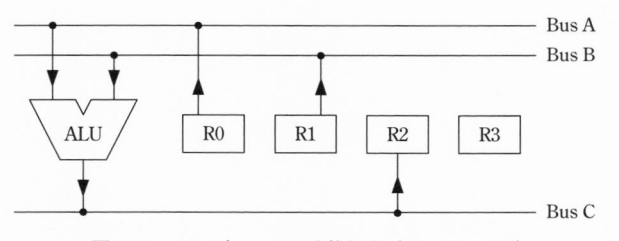

図7.21　コンピュータの演算部分（R0 + R1 → R2）

表7.4　コンピュータ内部の主なレジスタ

名称	用途
汎用レジスタ	算術演算や論理演算の入力や出力結果を一時的に記憶
フラグレジスタ	演算結果に関する情報（符号，オーバーフローなど）を記憶
スタックポインタ	スタック領域を指示
プログラムカウンタ	命令が格納されているアドレスを指示
命令レジスタ	メモリから読み出した命令を記憶
メモリアドレスレジスタ	メモリにアクセスする際のアドレスを指示
メモリデータレジスタ	メモリにアクセスする際のデータを記憶

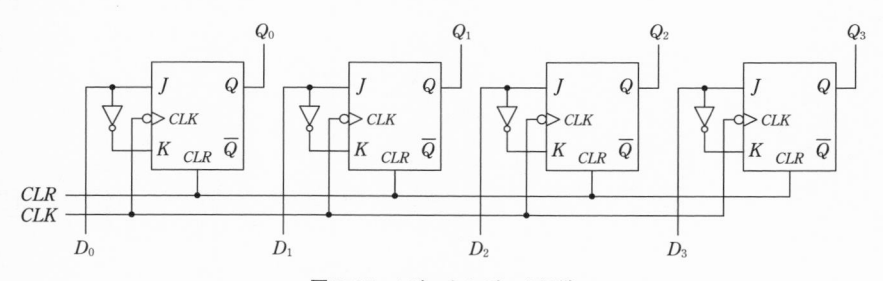

図7.22　4ビットレジスタ回路

$K=0$」のときに 1 にセットされ,「$J=0$ かつ $K=1$」のときに 0 にリセットされる.そこで J には入力 D を,K には $\overline{D}$ を入力することで,1 ビット分のレジスタを構成できる.

コンピュータ内部では多くのレジスタがバスを共有するため,使用許可されたレジスタだけがバスに接続できるように制限する必要がある.そこでレジスタの入力には書き込み許可信号 WE(Write Enable;ライト・イネーブル),出力には出力許可信号 OE(Output Enable;アウトプット・イネーブル)を設けて,動作を制限する.これに対応するレジスタ(1 ビット分)を図 7.23 に示す.

$WE=1$ のときは,AND ゲートは D_0 および $\overline{D_0}$ をそのまま J,K 入力に伝えるが,$WE=0$ のときは,D_0 の値に関わらずに $J=K=0$ となり,JK フリップフロップの内部状態を保持する.

一方,出力 Q_0 には**スリーステート・バッファ**(three-state buffer または tri-state buffer)を挿入する.これは,0,1 およびハイインピーダンス(開放)の3 状態をとるバッファである.すなわち $OE=1$ のときは $Y_0=Q_0$ となるが,$OE=0$ のときは Q_0 の値に関わらず $Y_0=Z$(ハイインピーダンス)となり,Y_0 と Q_0 は電気的に分離される.

なお D フリップフロップを用いた場合は,図 7.24 の回路になる.また入出力許可信号付きの 1 ビット分の回路を図 7.25 に示す.WE 信号が 1 のときは入力 D_0 が書き込まれ,0 のときは自己出力 Q_0 を再度書き込む.

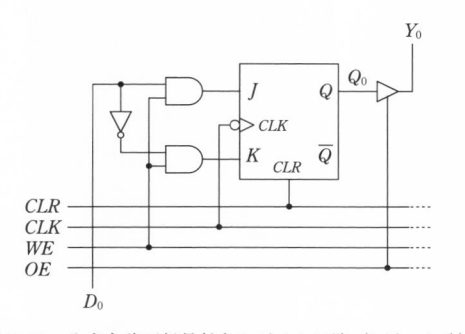

図 7.23 入出力許可信号付きレジスタ回路(1 ビット分)

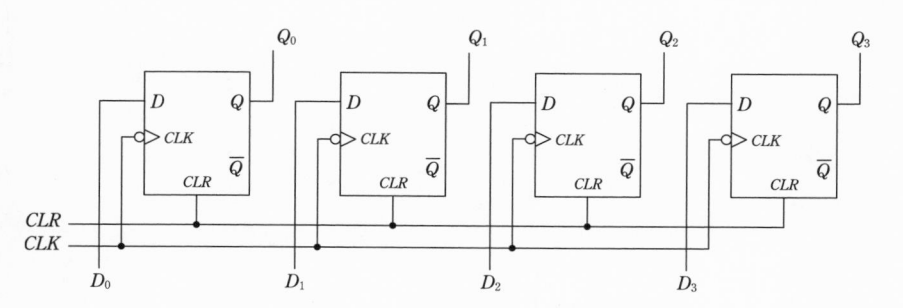

図7.24 Dフリップフロップを用いたレジスタ回路

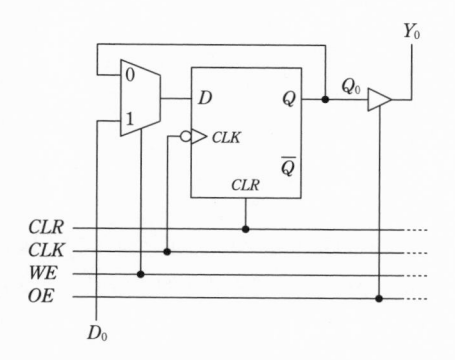

図7.25 Dフリップフロップを用いた入出力許可信号付きレジスタ回路（1ビット分）

7.4 シフトレジスタ

シフトレジスタ（shift register）はレジスタ内のデータを上位もしくは下位方向に移動する機能を持ったレジスタである．動作を図7.26に示す．

　左シフトの場合，最上位ビット a はシフト後の格納先がないが，これを x の位置に格納する場合はデータが循環する．循環でない場合は x には0を入れる．なお左シフトでは値が2倍になる．例えば0011（3）を左シフトすると0110（6）となる．右シフトの場合，最下位ビット d はシフト後の格納先がないが，これを x の位置に格納する場合はデータが循環する．なお右シフトでは値が1/2になる．

　ただし，補数表現の場合は注意が必要である（章末演習問題）．

　図7.27に直列入力シフト回路を示す．入力は D だけである．Q_0 から Q_3 の

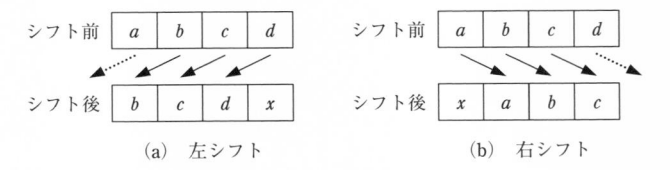

図 7.26　シフト動作

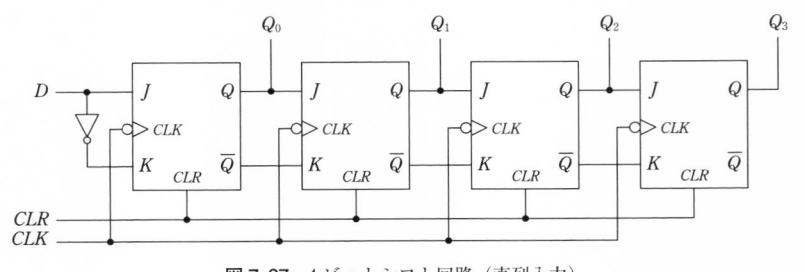

図 7.27　4 ビットシフト回路（直列入力）

全ビットを出力とすれば**直列入力‐並列出力型**（Serial-In Parallel-Out；SIPO），最終段 Q_3 だけを用いると**直列入力‐直列出力型**（Serial-In Serial-Out；SISO）となる．直列入力‐並列出力型は，シリアル信号からパラレル信号への変換回路として利用可能である．

　図 7.28 に並列入力シフト回路を示す．入力は D_0 から D_3 である．Q_0 から Q_3 の全ビットを出力とすれば**並列入力‐並列出力型**（Parallel-In Parallel-Out；PIPO），最終段 Q_3 だけを用いると**並列入力‐直列出力型**（Parallel-In Serial-Out；PISO）となる．並列入力‐直列出力型は，パラレル信号をシリアル信号に変換する回路として利用可能である．$LOAD$ 信号は入力データを取り込むための制御信号である．$LOAD=1$ のときにデータを取り込み，$LOAD=0$ のときはシフト動作になる．なお A は入力されたデータが全てシフトされた後の入力であり，$A=0$ でもよい．

　D フリップフロップを用いた直列入力シフト回路の例を図 7.29 に示す．

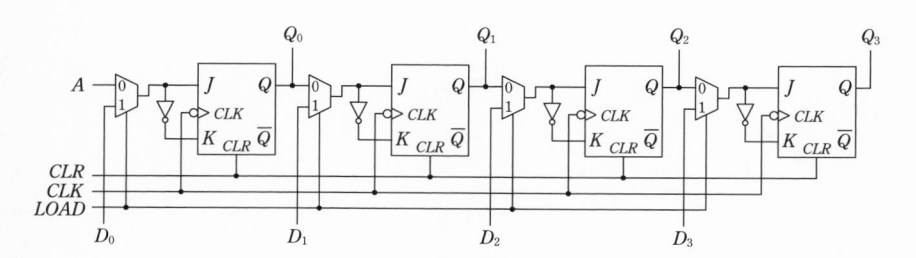

図 7.28 4 ビットシフト回路（並列入力）

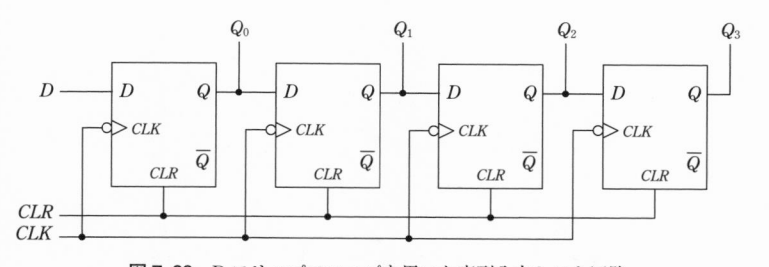

図 7.29 D フリップフロップを用いた直列入力シフト回路

例題 7.3 左シフト，右シフト，データ設定およびデータ保持機能を持つレジスタを D フリップフロップを用いて設計せよ．

解答 右シフトは図 7.29 と同じ回路でよい．左シフトを行うときは右側に位置する D フリップフロップの出力を入力 D に取り込む．データ保持を行うには自分の出力を取り込む．またデータ設定を行うには外部入力を取り込む．これらを 4 入力セレクタで切り替えればよいので，図 7.30 に示す回路となる．$FUNC$ は 2 ビットの機能選択信号で，00：保持，01：左シフト，10：右シフト．11：データ設定，となる．なお，B は左シフトにした後の入力であり，$B=0$ でもよい．

並列入力-直列出力型（PISO）シフトレジスタと，直列入力-並列出力型（SIPO）レジスタを組み合わせると**シリアル通信**（serial communication）が可能になる．シフトレジスタを用いたシリアル通信の概念を図 7.31 に示す．

最終段の出力を初段の入力に戻したシフトレジスタを**リングカウンタ**（ring counter）という．標準リングカウンタの例を図 7.32 に示す．これは図 7.27 に示す 4 ビットシフト回路の最終出力 Q_3 を初段の入力 D に戻し，さらにリセッ

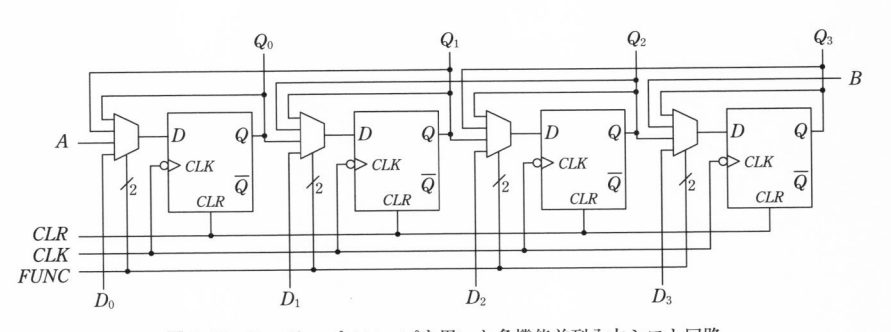

図7.30 Dフリップフロップを用いた多機能並列入力シフト回路

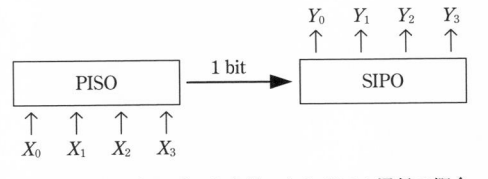

図7.31 シフトレジスタを用いたシリアル通信の概念

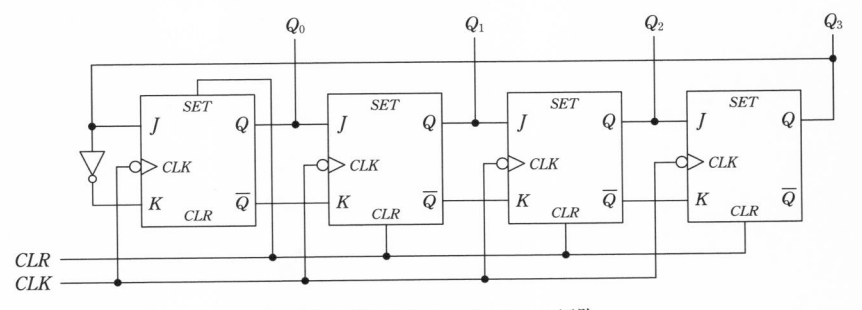

図7.32 標準的なリングカウンタ回路

ト時に初期値を $Q_0 Q_1 Q_2 Q_3 =$ "1000" としたものである. この回路は, クロックが入力されるたびに, "1000" → "0100" → "0010" → "0001" → "1000" →…という出力を繰り返す（図7.33）. リセット時の設定値は任意でよいが, 特に1ビットだけが1で残りのビットを0にした回路を**ワンホット・ステート・カウンタ**（one-hot state counter）という. この場合は2ビットのカウンタとデコーダを組み合わせても実現できるが, 動作が高速である特長がある.

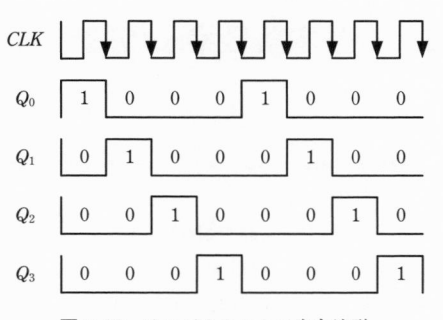

図7.33 リングカウンタの出力波形

演習問題 ─────

7.1 非同期式5進カウンタを，JKフリップフロップを用いて設計せよ．

7.2 非同期式7進ダウンカウンタを，JKフリップフロップを用いて設計せよ．

7.3 同期式6進カウンタを，JKフリップフロップを用いて設計せよ．

7.4 同期式8進ダウンカウンタを，JKフリップフロップを用いて設計せよ．

7.5 補数形式のシフトでは図7.34のような処理が必要になる．その理由を説明せよ．

7.6 図7.35のようにリングカウンタの最終段出力を反転させて，初段の入力に戻すと，どのような動作になるかを説明せよ．

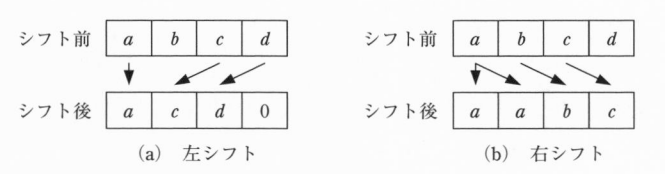

図7.34 補数形式のシフト処理

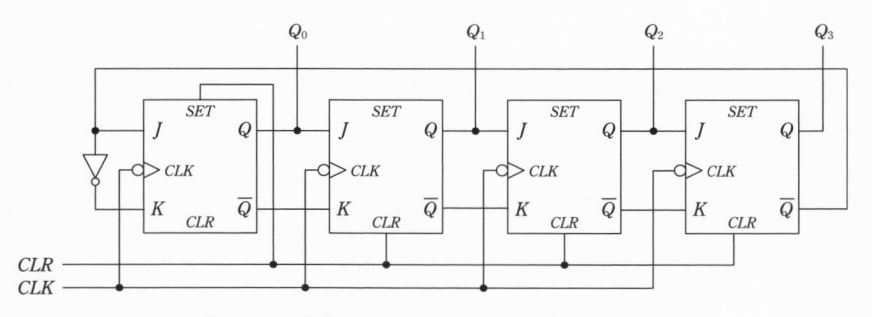

図7.35 最終段出力を反転させたリングカウンタ回路

8 基本論理素子の電子回路

これまで説明した回路は抽象的側面だけであり，どんな素子を用いるかなどの物理的側面はほとんど述べられていない．しかし実際に回路を製作するには，実装に関する知識が不可欠である．例えば，真空管でもトランジスタでも論理回路を製作可能であるが，最適な回路の実現には，最適な素子を選択する必要がある．

そこで本章では，これまで学んだ回路を実際に製作するための基礎知識を与える．まず論理回路の実装方式として，トランジスタを用いた TTL と CMOS の基本回路について述べる．特に現在主流の CMOS 回路について詳しく述べる．

その後，メモリ回路および利用者がカスタマイズ可能な論理集積回路を扱う．メモリ素子も論理素子と同様にさまざまな素子が研究され，実用化されてきた．本章では ROM の概要を述べた後，シリコン半導体を用いた DRAM や SRAM について述べる．さらに，利用者がカスタマイズ可能な論理集積回路として PLA および FPGA について原理や特徴を説明する．

8.1 TTL 回路 ─────────────

TTL（Transistor-Transistor-Logic）は後述する CMOS 回路の普及前に，論理回路の実装方式として幅広く用いられていた．TTL による基本ゲートの一例として NAND 回路を図 8.1 に示す．

初段はマルチエミッタ・トランジスタである．もし入力 A, B が共に 1（ハイレベル）であれば，次段のトランジスタに電流が流れて ON となり，出力 X は 0（ローレベル）になる．他方 A, B の少なくとも一方が 0 の場合は，次段のトランジスタに電流が流れないので OFF となり，出力 X は 1 になる．したがって，NAND 動作をしていることがわかる．

TTL はバイポーラトランジスタを用いるため，小型化，低電圧化，低消費電力化が難しく，現在 TTL は特殊な用途でのみ用いられる．

8.2 CMOS 論理回路 ─────────────

CMOS（Complementary Metal-Oxide-Semiconductor）論理回路は，P-MOS

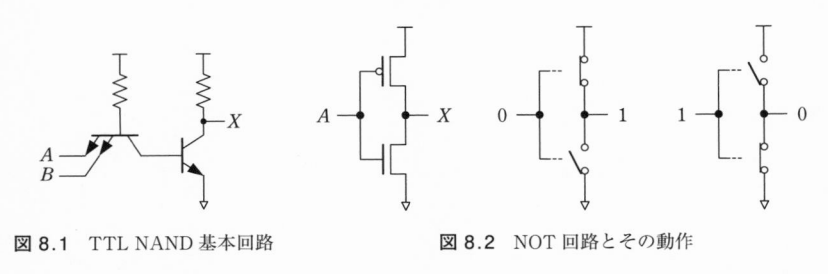

図 8.1 TTL NAND 基本回路   図 8.2 NOT 回路とその動作

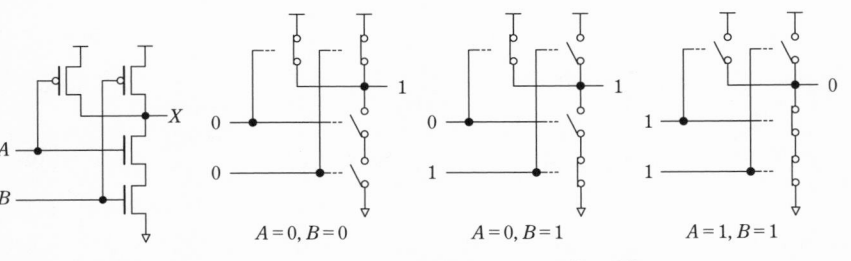

図 8.3 NAND 回路   図 8.4 NAND 回路の動作

トランジスタと N-MOS トランジスタという真逆の動作をする素子で構成される.

最も基本的な NOT 回路を CMOS で構成した回路を図 8.2 に示す. 入力 $A=0$ のときは P-MOS トランジスタが ON, N-MOS トランジスタが OFF となり, $X=1$ となる. 逆に $A=1$ のときは P-MOS トランジスタが OFF, N-MOS トランジスタが ON となり, $X=0$ となる. したがって NOT 動作になる. 常に一方が ON で他方が OFF であることがポイントである. これにより電源からグランドに常時電流が流れずに消費電力が抑えられ, TTL よりも低消費電力になっている.

次に NAND 回路および動作を図 8.3 と図 8.4 に示す. まず入力 $A=B=0$ のときは P-MOS トランジスタが両方とも ON, N-MOS トランジスタが両方とも OFF になり, $X=1$ となる. 次に $A=0$ かつ $B=1$ のときは P-MOS トランジスタの一方が ON, N-MOS トランジスタの一方が OFF となり, $X=1$ となる. 同様に $A=1$ かつ $B=0$ のときも $X=1$ となる. なお $A=B=1$ のときは P-MOS トランジスタが両方とも OFF, N-MOS トランジスタが両方とも ON になり, $X=0$ となる. したがって NAND 動作になる.

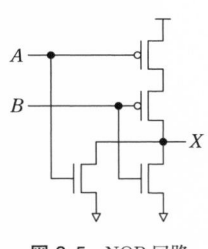

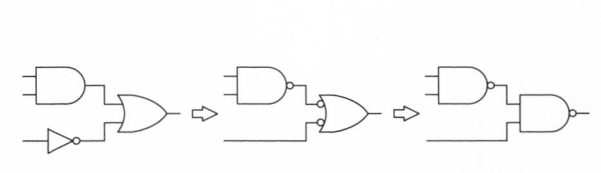

図 8.5 NOR 回路　　　　　　図 8.6 NAND（および NOR）を用いた置き換えの例

同様に NOR 回路も構成できる（図 8.5）．この回路の動作説明は章末演習問題とする．

なお AND 回路や OR 回路に関しては，簡潔で特性の優れた回路を CMOS では構成できないので，なるべく NAND や NOR ゲートを用いた回路に置き換える（図 8.6）．どうしても AND 回路や OR 回路が必要な場合は，NAND 回路や NOR 回路の出力に NOT 回路を追加する．

8.3 メ モ リ

メモリの分類を図 8.7 に示す．メモリは **ROM**（Read Only Memory）と **RAM**（Random Access Memory）に大別される．

ROM は読み出し専用メモリで，データの書き込みは製造時もしくは特殊な機器を用いて行う．後からデータ変更を行わない機器，例えば電子辞書のデータや組込み機器のソフトウェアの格納などに用いられる．なお電源を切ってもデータが消えることはない．これを**不揮発性メモリ**（non-volatile memory）という．

RAM はランダムにアクセス可能なメモリであり，任意番地のデータを読み書き可能である．コンピュータのメインメモリや，組込み機器における変数の

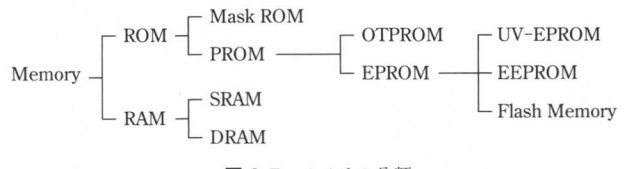

図 8.7 メモリの分類

格納などに用いられる．RAM は電源を切ると内容も消える．これを**揮発性メモリ**（volatile memory）という．特殊な用途では，電池から電力を供給することで，電源を切ってもデータが残るものもある．RAM は **DRAM**（Dynamic RAM）と **SRAM**（Static RAM）に大別される．

8.3.1 ROM

Mask ROM（MROM）は ROM 製造時にデータを書き込み，それ以降はデータの変更はできない．製造時に用いるマスクを，書き込むデータに応じてカスタマイズするので，この名がある．大量生産する機器に適している．

PROM（Programmable ROM）は，ROM 製造後に利用者がカスタマイズ可能な ROM である．OTPROM（One-Time PROM）は一度だけカスタマイズ可能であるが，それ以降は内容を変更できない．ダイオードやヒューズなどに大電流を流して破壊することによりカスタマイズする．少量多品種生産に適している．

EPROM（Erasable PROM）は消去可能な PROM であり，データを複数回書き換え可能である．紫外線でデータ消去するものを UV-EPROM（Ultra-Violet Erasable PROM）という．パッケージに石英ガラスの窓が設けられ，そこから強い紫外線を照射することでデータを消去する．

EEPROM（Electrically Erasable PROM）は，電気的に消去可能な EPROM である．データの書き込みや消去は，読み出し時よりも高い電圧をかけて行う．

EPROM はゲートの他に**浮遊ゲート**（floating-gate；FG）を持つ（図 8.8）．同図（a）は通常の MOS トランジスタ，（b）は浮遊ゲートを持つ MOS トランジスタである．浮遊ゲートは絶縁膜の中に埋め込まれており，電気的に浮いた状態になっている．ゲート（G）に高い電圧をかけると，浮遊ゲートに電子が蓄えられる．電圧を戻しても電子は絶縁膜の中にあるので逃げない．

もし浮遊ゲートに電子が注入されていなければ，低い電圧（読み出し時の電圧）でトランジスタを ON にできる．しかし電子が注入されるとゲートからの電界を打ち消すため，通常よりも高い電圧をかけないと ON にできない．すなわち読み出し時の電圧では ON にできない．以上によりデータの書き込みと読み出しができる．しかしながら絶縁膜は非常に薄く，電子が通過する際に少しずつダメージを受けるため，書き換え可能回数には限度がある．

EEPROM を改良し，ブロック単位でデータを一括消去可能にしたものをフラ

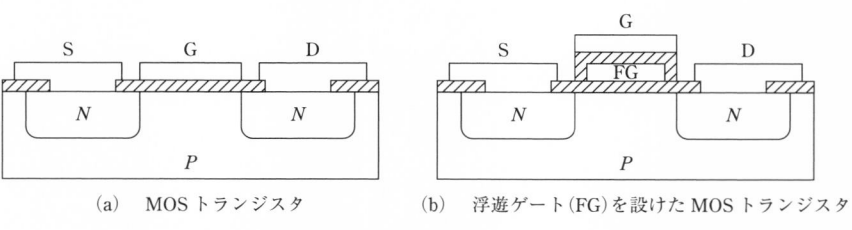

(a) MOS トランジスタ   (b) 浮遊ゲート(FG)を設けた MOS トランジスタ

図 8.8 浮遊ゲートを設けた MOS トランジスタ （EPROM）

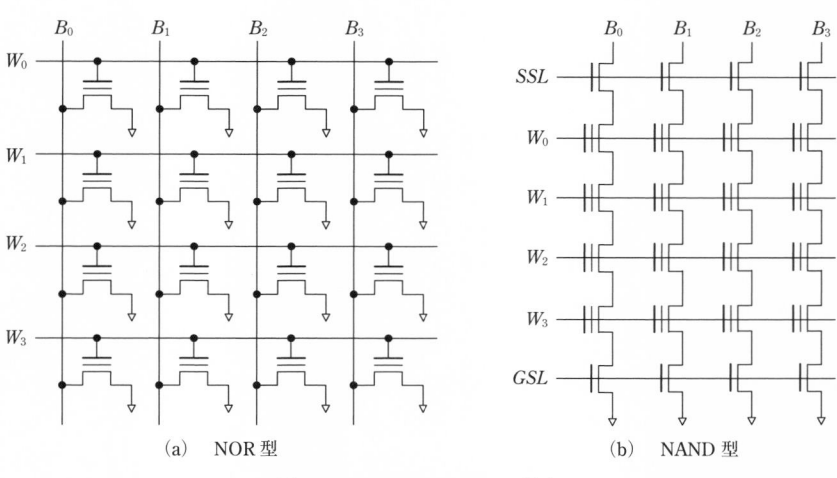

(a) NOR 型   (b) NAND 型

図 8.9 フラッシュメモリの構成

ッシュメモリ（Flash Memory）と呼ぶ．フラッシュメモリの書き込みは，ブロック単位で消去を行った後，ブロック単位で書き込みを行うので動作が遅い．フラッシュメモリには NOR 型と NAND 型がある（図 8.9）．

　W はワード線（Word Line）もしくはアドレス線（Address Line）といい，B はビット線（Bit Line）もしくはデータ線（Data Line）という．NOR 型はランダムにアクセス可能である．NAND 型はセルが直列に接続され，上下に選択用トランジスタが設けられている．SSL はビット線側の選択信号，GSL はソース線側の選択信号である．NAND 型ではワード線で選択されたトランジスタ以外は導通状態にする．NAND 型は隣接するトランジスタのドレインとソースを共有できるため集積度が高いが速度が遅い．反面 NOR 型は速度が速いが集積

度が低い.

　フラッシュメモリは,注入する電子量を変えることにより,1つのトランジスタに多ビット情報を記憶できる.従来どおり2段階(1ビット)のものをSLC(Single Level Cell),4段階に分けて2ビットの情報を記憶できるものをMLC(Multi Level Cell),8段階に分けて3ビットの情報を記憶できるものをTLC(Triple Level Cell)という.しかしレベルを増やすとエラーが生じやすくなり,また書き換え可能回数も減る.

　近年フラッシュメモリの進歩は著しく,PROM や EPROM に代わって使用されている.また,USB メモリ,スマートフォンやカメラなどのメモリカード,SSD(Solid State Drive)など身近な機器にも使用されている.

　なおフラッシュメモリは書き換え可能なメモリであるが,動作速度や書き換え回数の制限などから,次に述べる RAM の代わりにはならない.

8.3.2　DRAM

　DRAM はキャパシタに電荷を蓄えることで,データを記憶するメモリである.1ビット分の回路を図 8.10 に示す.(a)はスイッチを用いた回路であるが,実際には(b)のようにトランジスタを用いる.

　4ビット分の回路を図 8.11 に示す.ワード線で選択されたメモリセルは SW が閉じた状態になるので,データを読み書きできる.なお C_S はデータ記憶用キャパシタ,C_B は1本のビット線が持つ浮遊容量を表す.一般に C_B は C_S よりも1桁以上大きい.これは,大量のデータを記憶できるように C_S はデータを維持

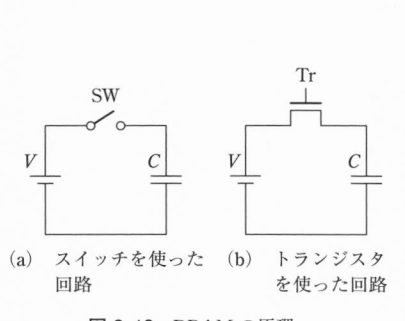

(a)　スイッチを使った回路　　(b)　トランジスタを使った回路

図 8.10　DRAM の原理　　　　**図 8.11**　DRAM の基本回路(4ビット分)

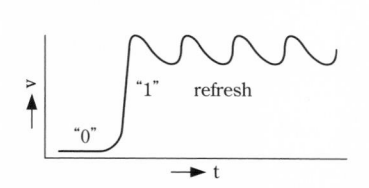

図 8.12 DRAM のキャパシタの端子電圧波形

できる最小限のサイズなのに対して，ビット線は多数のメモリセルを通過する
長い配線になるからである．次に書き込み操作と読み出し操作について説明す
る．

(1) 書き込み

データを書き込む際は，ワード線で行を選択後，目的のビット線を電源に接
続してキャパシタに電荷を注入するか（1 の書き込み），グランドに接続して電
荷を放出する（0 の書き込み）．

なお，記憶用キャパシタからは電荷が自然に漏れるので，数マイクロ秒程度
の間隔で，電荷を再注入する必要がある．これをリフレッシュ（refresh）とい
う．0 の状態から 1 を書き込み，その後リフレッシュにより値が保持される様
子を図 8.12 に模式的に示す．このように，値を保持するだけでも回路が動作
しているので，ダイナミック（動的な）RAM と呼ばれる．

(2) 読み出し

データの読み出し操作は少し複雑である．まずビット線を電源電圧 V_D の半
分の電位（$V_D/2$）にプリチャージする．このときビット線の浮遊容量には Q_B
$= C_B V_D/2$ の電荷が蓄積される．この状態でワード線を選択すると，もしデー
タが 1 であれば C_S に電荷 $Q_S = C_S V_D$ が蓄えられているので，ビット線の電位
V_B は，

$$V_B = \frac{Q_B + Q_S}{C_B + C_S} = \frac{\dfrac{C_B V_D}{2} + C_S V_D}{C_B + C_S} = \left(1 + \frac{C_S}{C_B + C_S}\right)\frac{V_D}{2} \tag{8.1}$$

に上昇する．逆にデータが 0 である場合は，

$$V_B = \frac{Q_B}{C_B + C_S} = \frac{\dfrac{C_B V_D}{2}}{C_B + C_S} = \left(1 - \frac{C_S}{C_B + C_S}\right)\frac{V_D}{2} \tag{8.2}$$

に下降する．仮に $V_D = 2$（V），$C_B = 10\,C_S$ とすれば，データが 1 のときは約 1.1（V），データが 0 のときは約 0.9（V）となり，その差は小さい．そこで**センスアンプ**（sense amplifier）によって信号を増幅し，出力を論理値レベル（0 か電源電圧）にする．なお読み出し後に記憶セルの電荷は放出され，情報が失われてしまうので，必ず元の値と等しい値を再書き込みする必要がある．これを**破壊読み出し**（destructive read）という．

DRAM は記憶セルの構造が単純なため，大容量のメモリを安価に実現できるので，コンピュータのメインメモリとして用いられる．しかしながら，リフレッシュやプリチャージなどの動作が必要なことから，動作速度や消費電力は次に述べる SRAM よりも劣る．

8.3.3 SRAM

SRAM は論理回路により情報を記憶するメモリである．図 8.13 に SRAM の原理を示す．図のように 2 つの NOT ゲートをループ状に接続した回路には，2 つの安定状態がある．すなわち，左側が 0 で右側が 1 の状態と，左側が 1 で右側が 0 の状態である．これを利用して 1 ビットの情報を記憶できる．

しかし，このままではデータを書き込むことも読み出すこともできないので，制御用のトランジスタを両端に追加する（図 8.14）．なお両端のトランジスタは内側 4 個のトランジスタよりも駆動能力が大きいものを用いるため，データを強制的に変更できる．なお P-MOS トランジスタを抵抗で置き換えた 4 トランジスタ構成でも動作可能だが，速度は遅くなり消費電力も大きくなる．

SRAM は DRAM におけるリフレッシュ動作が不要なため，**スタティック**（静的な）RAM と呼ばれる．SRAM の動作はトランジスタのスイッチングだけ

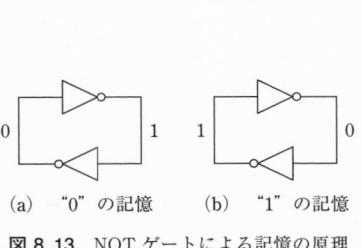

(a) "0" の記憶　　(b) "1" の記憶

図 8.13 NOT ゲートによる記憶の原理

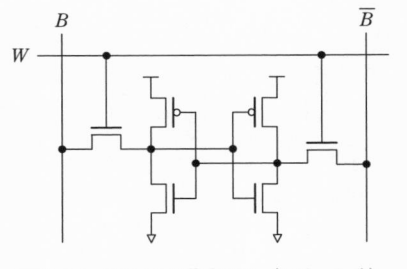

図 8.14 SRAM の基本セル（1 ビット分）

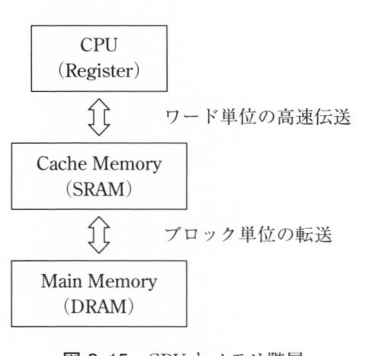

図 8.15　CPU とメモリ階層

なので読み書きが速いが，1 ビットを記憶するためのコストが高い．そこで，高速性が必要だが，比較的小容量でよいキャッシュメモリ（cache memory）などに用いられる．なお，レジスタはクロックが変化する瞬間にデータを取り込む機能や高速動作が要求されるため，SRAM で代用することはできない．

図 8.15 に CPU（中央処理装置）とメモリ階層を示す．CPU は頻繁に使うデータをレジスタに置く．またメインメモリの中でアクセス頻度の高いブロックはキャッシュメモリに置いておく．これは高速性が重要なので SRAM を用いる．メインメモリは大容量が求められるので DRAM を使用する．DRAM はランダムな読み出しは遅いが，ブロックレベルでの転送は比較的速いので適している．なおアクセス時間は，レジスタが 1 クロック，キャッシュが数クロック，メインメモリは数十クロック程度である．

このようにメモリの特長を活かした組み合わせをすることで，高速・大容量のメモリシステムを構成できる．

8.4　プログラマブルデバイス

利用者が回路を自由に変更できるデバイスを**プログラマブルデバイス**（programmable device）という．集積回路の設計・製造には巨額の投資が必要なので，少量生産では採算がとれない．そのような場合はプログラマブルデバイスが適している．また大量生産前の試作にも有効である．ここでは PLA とFPGA を説明する．PLA は比較的小規模な回路，FPGA は大規模な回路に適している．

8.4.1 PLA

PLA（Programmable Logic Array）は論理関数の主加法標準形を回路化したものである（図 8.16）．配線の交差箇所にはヒューズやスイッチが設けられ，接続を自由に変更できる．

全加算器を例として説明する．真理値表（表 8.1）において，A，B，C_I はそれぞれ，被加数，加数，前段からの桁上がりであり，S，C_O は和および次段への桁上がりである．ここで出力は，

$$S = \overline{A}\overline{B}C_I + \overline{A}B\overline{C_I} + A\overline{B}\overline{C_I} + ABC_I \tag{8.3}$$

$$C_O = AB + AC_I + BC_I \tag{8.4}$$

であるから，図 8.17 のようにプログラムすればよい．

8.4.2 FPGA

FPGA（Field-Programmable Gate Array）は真理値表をメモリにより実装することで論理回路を実現する．図 8.18 に原理を示す．組合せ回路の動作は真理値表で表せる．真理値表をメモリと見なすと，メモリ内容を変えることで回路動作を変更できる．例えば図 8.18（c）の $F_{00}\sim F_{11}$ を $\{0,0,0,1\}$ とすれば AND ゲートと等価になる（図 8.19）．同様に $\{0,1,1,0\}$ とすれば XOR ゲートと等価になる．このようにメモリ（SRAM）とセレクタを用いた論理回路を**ルックアップテーブル**（Look Up Table；LUT）と呼ぶ．ここでは 2 変数の例を示したが，3 変数以上でもよい．

LUT にフリップフロップを組み合わせて**ロジックブロック**（Logic Block；

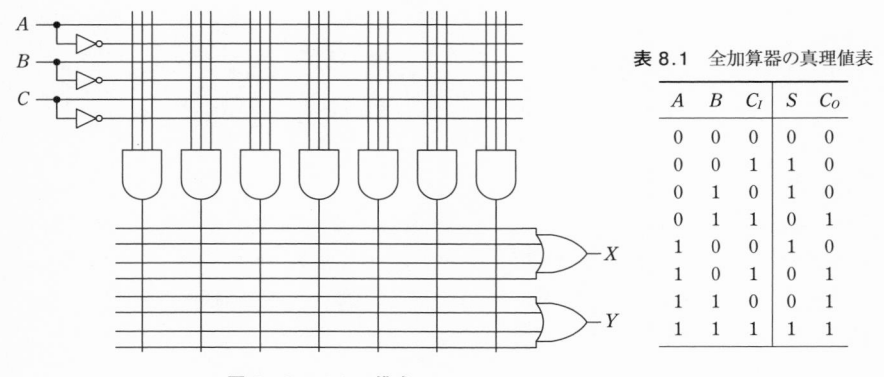

図 8.16 PLA の構成

表 8.1 全加算器の真理値表

A	B	C_I	S	C_O
0	0	0	0	0
0	0	1	1	0
0	1	0	1	0
0	1	1	0	1
1	0	0	1	0
1	0	1	0	1
1	1	0	0	1
1	1	1	1	1

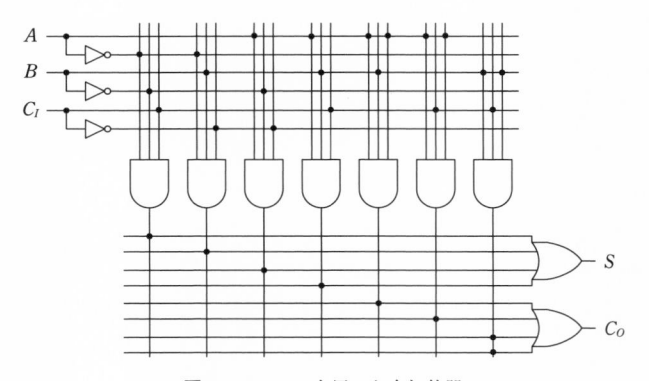

図 8.17   PLA を用いた全加算器

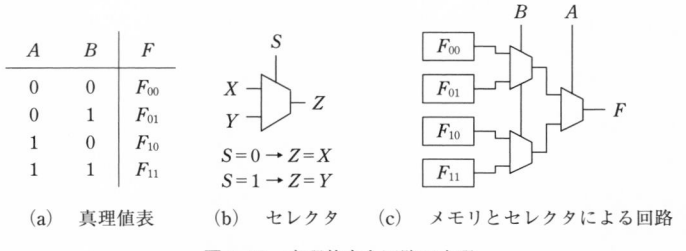

A	B	F
0	0	F_{00}
0	1	F_{01}
1	0	F_{10}
1	1	F_{11}

$S = 0 \rightarrow Z = X$
$S = 1 \rightarrow Z = Y$

(a)   真理値表   (b)   セレクタ   (c)   メモリとセレクタによる回路

図 8.18   真理値表を回路で実現

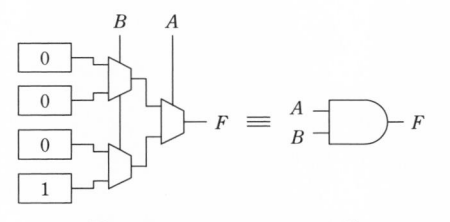

図 8.19   LUT による AND 回路

LB）を構成して集積回路内に格子状に配置し，その周囲にプログラム可能な配
線を設ける．さらにチップの周囲に入出力用ブロック（I/O Block）を配置する
ことで FPGA が構成される（図 8.20）．なお SB はスイッチボックス（Switch
Box）であり，上下左右方向からの配線を接続する（図 8.21）．

　FPGA の利点として，製造期間が短いことがあげられる．通常の集積回路で

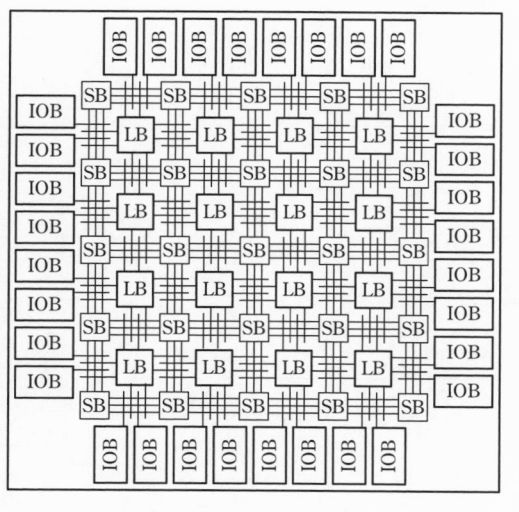

図 8.20 FPGA の全体図

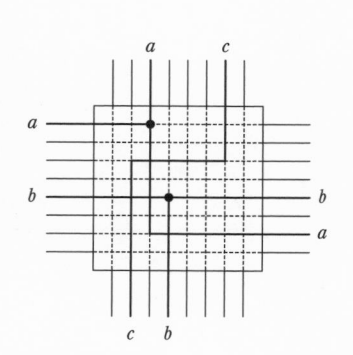

図 8.21 スイッチボックスの役割

は，回路設計完了後に，マスクの設計・製作・検査を行い，工場で生産を開始する．しかし FPGA の場合は，回路設計完了後に，書き込み用データを生成し，FPGA にダウンロードすれば完成する．したがって回路設計後数十分から数時間程度で集積回路を得ることができる．また少量生産時のコストが低いこともメリットである．これはマスクが不要であり，工場での生産も不要なためである．販売台数の少ない高額の製品や研究室での試作にも適する．さらに基板に取り付けたままで，回路の修正・変更が可能なので，製品出荷後の不具合への対応や，機能拡張が行いやすい．

　欠点として，大量生産時の単価が高いことがあげられる．FPGA は通常の IC よりも回路の利用効率が悪く，割高になる．また同じ条件で製造した通常の IC に比べると低速動作である．しかし，マイクロプロセッサでソフトウェアにより実行するよりは高速である．これは専用ハードウェアで実行するからである．

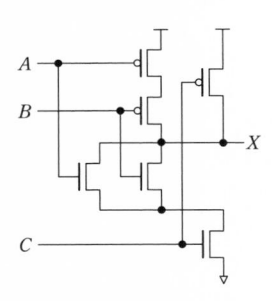

図 8.22 CMOS 回路

表 8.2 各種メモリの特徴と用途

	特徴	用途
SRAM		
DRAM		
フラッシュメモリ		

演習問題 ────────

8.1 CMOS で構成した NOR 回路の動作を確認せよ.

8.2 CMOS を用いて，3 入力 NAND 回路および 3 入力 NOR 回路を構成せよ.

8.3 図 8.22 の CMOS 回路の論理式を求めよ.

8.4 図 8.16 に示す PLA 上で，次式の論理回路を構成せよ.

$$X = A \oplus B$$
$$Y = \overline{AB + C}$$

8.5 SRAM，DRAM，フラッシュメモリの特徴と用途を表 8.2 にまとめよ.

参考文献

天野英晴編，FPGA の原理と構成，オーム社（2016）

井澤裕司著，ビジュアル 論理回路入門，プレアデス出版（2008）

一色剛，熊澤逸夫著，論理回路，数理工学社（2011）

岩田穆著，電子情報通信学会編，VLSI 工学——基礎・設計編（電子情報通信レクチャーシリーズ），コロナ社（2006）

榎本忠儀著，CMOS 集積回路——入門から実用まで，培風館（1996）

遠藤諭著，計算機屋かく戦えり，アスキー（2005）

国枝博昭著，集積回路設計入門，コロナ社（1996）

小林優著，FPGA プログラミング大全——Xilinx 編，秀和システム（2016）

小柳滋，内田啓一郎著，IT Text コンピュータアーキテクチャ 改訂 2 版，オーム社（2019）

ハーマン・H. ゴールドスタイン著，末包良太他訳，計算機の歴史，共立出版（1979）

坂井修一著，論理回路入門，培風館（2003）

笹尾勤著，論理設計——スイッチング回路理論 第 4 版，近代科学社（2005）

アリス・R. バークス他著，大座畑重光監訳，誰がコンピュータを発明したか，工業調査会（1998）

速水治夫著，基礎から学べる論理回路 第 2 版，森北出版（2014）

福本聡，岩崎一彦著，コンピュータアーキテクチャ 第 2 版，朝倉書店（2015）

堀桂太郎著，図解 VHDL 実習——ゼロからわかるハードウェア記述言語 第 2 版，森北出版（2009）

渡波郁著，CPU の創りかた，マイナビ（2003）

ACM プレス編，村井純監訳，ワークステーション原典，アスキー（1990）

Alan W. Biermann 著，和田英一訳，やさしいコンピュータ科学，アスキー（1993）

Charles Petzold 著，永山操訳，CODE，日経 BP 社（2003）

演習問題解答

第 1 章 ──────
1.1 (1) 3 (2) 57 (3) 2748 (4) 51 (5) 245 (6) 61594
(7) 4.15625 (8) 0.8125 (9) 192.625
1.2 (1) $(199)_{10} = (11000111)_2 = (307)_8 = (C7)_{16}$
(2) $(1101101101)_2 = (1555)_8 = (877)_{10} = (36D)_{16}$
(3) $(736)_8 = (111011110)_2 = (478)_{10} = (1DE)_{16}$
(4) $(9AE1)_{16} = (1001101011100001)_2 = (115341)_8 = (39649)_{10}$
1.3 (1) 66 (2) 543 (3) 1865 (4) 80715
1.4 (1) 011111010 (2) 110010101 (3) 000001010 (4) 100001000
1.5 (1) 00001010 (2) 11111000 (3) 01111111 (4) 10011110

第 2 章 ──────
2.1 表 A.1 のとおり.
2.2 (1) $X = AC + \overline{A}BC + A\overline{C} + \overline{A}B\overline{C} = A(C + \overline{C}) + \overline{A}B(C + \overline{C}) = A + \overline{A}B = A + B$
(2) $X = (A + B + C)(\overline{A} + B + C)(A + \overline{B} + C)(A + B + \overline{C})$
$= (A\overline{A} + B + C)(B\overline{B} + A + C)(C\overline{C} + A + B) = (B + C)(A + C)(A + B)$
$= (AB + C)(A + B) = AB + AC + BC$
2.3 (1) 図 A.1 のとおり.
(2) 図 A.2 のとおり.
2.4 (1) 表 A.2 のとおり.
(2) $\overline{X} = \overline{A} \cdot \overline{B} \cdot \overline{C} + \overline{A} \cdot \overline{B} \cdot C + A \cdot \overline{B} \cdot \overline{C} + A \cdot B \cdot \overline{C}$

表 A.1　真理値表（解答 2.1）

A B C	$A+B$	$A+C$	$\overline{A}+\overline{C}$	X
0　0　0	0	0	1	0
0　0　1	0	1	1	0
0　1　0	1	0	1	0
0　1　1	1	1	1	1
1　0　0	1	1	1	1
1　0　1	1	1	0	0
1　1　0	1	1	1	1
1　1　1	1	1	0	0

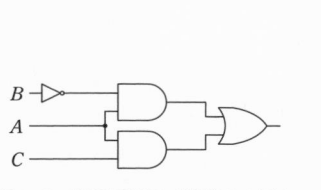

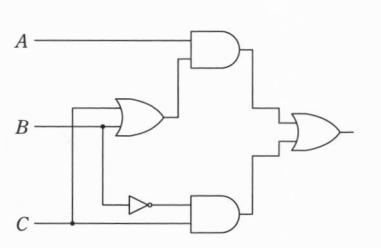

図 A.1　論理回路図（解答 2.3(1)）　　　　　**図 A.2**　論理回路図（解答 2.3(2)）

表 A.2　真理値表（解答 2.4(1)）

A	B	C	$\overline{A}B$	AC	X
0	0	0	0	0	0
0	0	1	0	0	0
0	1	0	1	0	1
0	1	1	1	0	1
1	0	0	0	0	0
1	0	1	0	1	1
1	1	0	0	0	0
1	1	1	0	1	1

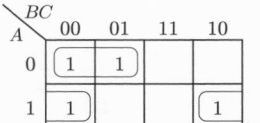

A \ BC	00	01	11	10
0	1	1		
1	1			1

図 A.3　カルノー図（解答 2.4(3)）

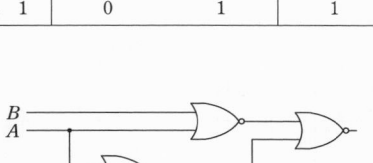

図 A.4　論理回路図（解答 2.4(4)）

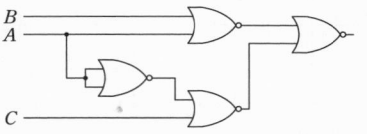

図 A.5　論理回路図（解答 2.4(5)）　　　**図 A.6**　論理回路図（解答 2.5）

(3)　図 A.3 のカルノー図を使って論理式を簡略化すると $\overline{X} = \overline{A} \cdot \overline{B} + A \cdot \overline{C}$ となる．この否定に対してド・モルガンの定理を適用すると

$$X = \overline{\overline{A} \cdot \overline{B} + A \cdot \overline{C}} = (A + B) \cdot (\overline{A} + C)$$

(4)　図 A.4 のとおり．

(5)　$X = (A + B) \cdot (\overline{A} + C)$ の全体に二重否定をとり，ド・モルガンの定理を適用すると，以下より図 A.5 となる．

$$X = \overline{\overline{(A + B) \cdot (\overline{A} + C)}} = \overline{\overline{(A + B)} + \overline{(\overline{A} + C)}}$$

2.5　以下より，図 A.6 となる．

$$X = (A+B)\cdot(B+C) = AB + AC + BB + BC = B + AC = \overline{\overline{B + AC}} = \overline{\overline{B}\cdot\overline{AC}}$$

第3章 ────

3.1 **(1)** $X_1 = \overline{A}\,\overline{B} + BC + AC = \overline{A}\,\overline{B}C + \overline{A}\,\overline{B}\,\overline{C} + ABC + \overline{A}BC + A\overline{B}C$ のカルノー図を図 A.7 に示す．区画の結合を行うと簡略化された論理式が

$$X_1 = \overline{A}\,\overline{B} + C$$

と求まる．

(2) X_2 のカルノー図を図 A.8 に示す．区画の結合を行い簡略化した論理式が

$$X_2 = A + B + \overline{C}$$

と求まる．

(3) $X_3 = (A+B+C)(\overline{A}+B+C)(A+\overline{B}+C)(A+B+\overline{C})$ においては $X_3 = 0$ となるのは $(A, B, C) = (0, 0, 0), (1, 0, 0), (0, 1, 0), (0, 0, 1)$ のときである．よってカルノー図は図 A.9 となる．区画の結合を行い簡略化した論理式が

$$X_3 = AC + AB + BC$$

と求まる．

3.2 **(1)** X_1 の簡略化にクワイン-マクラスキー法を適用する．圧縮表を表 A.3 に，主項表を表 A.4 に示す．簡略化された論理式は

$$X_1 = \overline{A}\,\overline{B} + \overline{B}\,\overline{D}$$

BC / A	00	01	11	10
0	1	1	1	1
1		1	1	

BC / A	00	01	11	10
0	1		1	1
1	1	1	1	1

BC / A	00	01	11	10
0	0	0	0	1
1	0		1	1

図 A.7 カルノー図（解答 3.1(1)）　**図 A.8** カルノー図（解答 3.1(2)）　**図 A.9** カルノー図（解答 3.1(3)）

表 A.3 圧縮表（解答 3.2(1)）

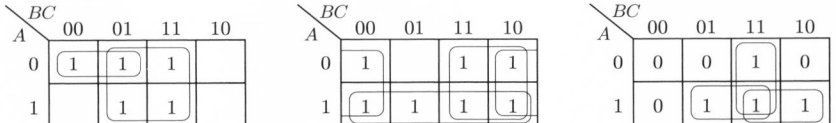

グループ	最小項	2進数表示	第1次圧縮	第2次圧縮	
1の個数が0個	$\overline{A}\,\overline{B}\,\overline{C}\,\overline{D}$	0000	000-	00--	同一
			00-0	00--	
			-000	-0-0	同一
				-0-0	
1の個数が1個	$\overline{A}\,\overline{B}\,\overline{C}D$	0001	00-1		
	$\overline{A}\,\overline{B}C\overline{D}$	0010	001-		
	$A\overline{B}\,\overline{C}\,\overline{D}$	1000	10-0		
			-010		
1の個数が2個	$\overline{A}\,\overline{B}CD$	0011			
	$A\overline{B}C\overline{D}$	1010			

表 A.4 主項表（解答 3.2(1)）

主項	最小項					
	$\overline{A}\overline{B}\overline{C}\overline{D}$	$\overline{A}\overline{B}\overline{C}D$	$\overline{A}\overline{B}CD$	$\overline{A}\overline{B}C\overline{D}$	$A\overline{B}\overline{C}\overline{D}$	$A\overline{B}C\overline{D}$
$\overline{A}\overline{B}$	◎	◎	◎	◎		
$\overline{B}\overline{D}$	◎			◎	◎	◎

表 A.5 圧縮表（解答 3.2(2)）

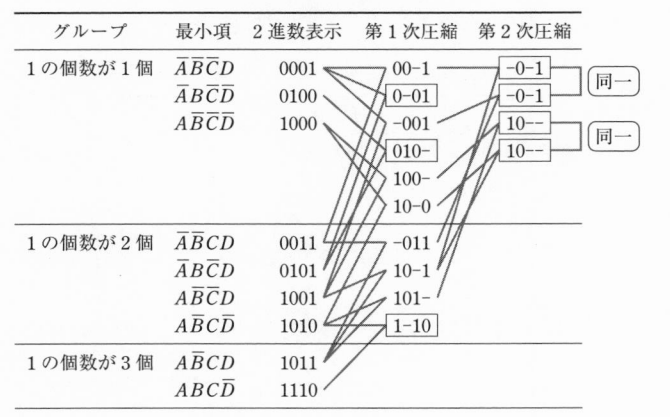

グループ	最小項	2進数表示	第1次圧縮	第2次圧縮
1 の個数が 1 個	$\overline{A}\overline{B}\overline{C}D$	0001	00-1	-0-1 （同一）
	$\overline{A}B\overline{C}\overline{D}$	0100	0-01	-0-1 （同一）
	$A\overline{B}\overline{C}\overline{D}$	1000	-001	10-- （同一）
			010-	10-- （同一）
			100-	
			10-0	
1 の個数が 2 個	$\overline{A}\overline{B}CD$	0011	-011	
	$\overline{A}B\overline{C}D$	0101	10-1	
	$A\overline{B}\overline{C}D$	1001	101-	
	$A\overline{B}C\overline{D}$	1010	1-10	
1 の個数が 3 個	$A\overline{B}CD$	1011		
	$ABC\overline{D}$	1110		

表 A.6 主項表（解答 3.2(2)）

主項	最小項								
	$\overline{A}\overline{B}\overline{C}D$	$\overline{A}B\overline{C}\overline{D}$	$A\overline{B}\overline{C}\overline{D}$	$\overline{A}\overline{B}CD$	$\overline{A}B\overline{C}D$	$A\overline{B}\overline{C}D$	$A\overline{B}C\overline{D}$	$A\overline{B}CD$	$ABC\overline{D}$
$\overline{A}\overline{C}D$	○				○				
$\overline{A}B\overline{C}$		◎			◎				
$AC\overline{D}$							◎		◎
$\overline{B}D$	◎			◎		◎		◎	
$A\overline{B}$			◎			◎	◎	◎	

となる.

(2)　X_2 の簡略化にクワイン-マクラスキー法を適用する．圧縮表を表 A.5 に，主項表を表 A.6 に示す．簡略化された論理式は

$$X_2 = \overline{A}B\overline{C} + AC\overline{D} + \overline{B}D + A\overline{B}$$

となる.

3.3 (1)　$X = \overline{A}\overline{B}\overline{C}\overline{D} + \overline{A}\overline{B}\overline{C}D + \overline{A}\overline{B}C\overline{D} + \overline{A}\overline{B}CD + \overline{A}B\overline{C}\overline{D} + \overline{A}BC\overline{D} + \overline{A}BCD$
$\qquad + A\overline{B}\overline{C}\overline{D} + A\overline{B}\overline{C}D + A\overline{B}CD + ABCD$

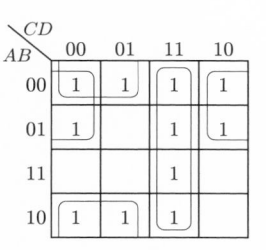

図 A.10　カルノー図と簡略化結果（解答 3.3(2)）

表 A.7　圧縮表（解答 3.3(3)）

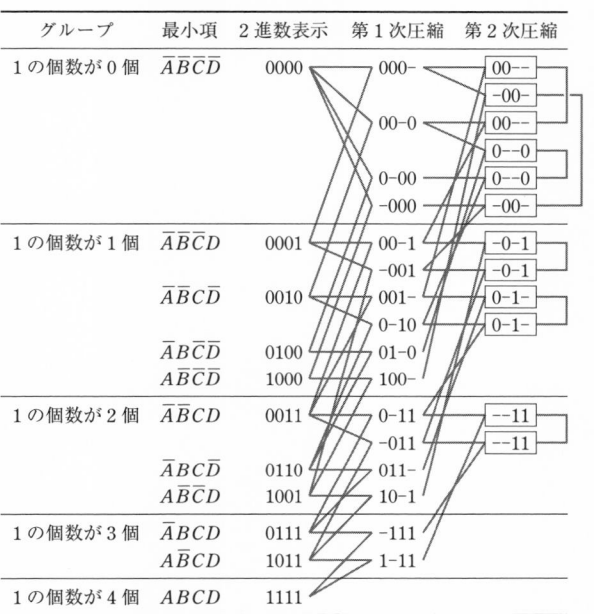

(2)　カルノー図は図 A.10 となり区画の結合を行った結果，論理式は以下のように簡略化される．

$$X = \overline{B}\,\overline{C} + \overline{A}\,\overline{D} + CD$$

(3)　圧縮表を表 A.7，主項表を表 A.8 に示す．簡略化された論理式

$$X = \overline{B}\,\overline{C} + \overline{A}\,\overline{D} + CD$$

が導かれる．

表 A.8　主項表（解答 3.3(3)）

主項	最小項										
	$\overline{A}\overline{B}\overline{C}\overline{D}$	$\overline{A}B\overline{C}\overline{D}$	$\overline{A}\overline{B}C\overline{D}$	$\overline{A}BC\overline{D}$	$\overline{A}\overline{B}\overline{C}D$	$\overline{A}B\overline{C}D$	$\overline{A}BCD$	$A\overline{B}\overline{C}\overline{D}$	$A\overline{B}\overline{C}D$	$A\overline{B}CD$	$ABCD$
$\overline{A}\overline{B}$	○	○	○	○							
$\overline{B}\overline{C}$	◎	◎						◎	◎		
$\overline{A}\overline{D}$	◎		◎		◎	◎					
$\overline{B}D$		○		○					○	○	
$\overline{A}C$			○	○		○	○				
CD				◎			◎			◎	◎

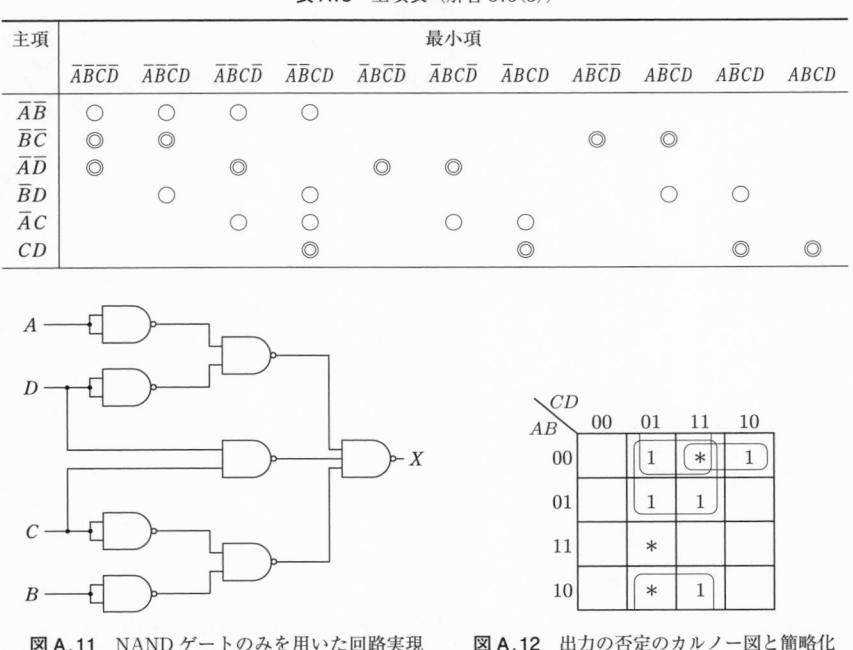

図 A.11　NAND ゲートのみを用いた回路実現（解答 3.3(4)）

図 A.12　出力の否定のカルノー図と簡略化結果（解答 3.4(1)）「＊」はドントケア.

(4)　X を二重否定してド・モルガンの定理を適用すると

$$X = \overline{\overline{\overline{B}\overline{C} + \overline{A}\overline{D} + CD}} = \overline{\overline{\overline{B}\overline{C}} \cdot \overline{\overline{A}\overline{D}} \cdot \overline{CD}}$$

と NAND のみで実現できる論理式が導出される．回路図を図 A.11 に示す．

3.4　**(1)**　出力の否定 $\overline{X}$ のカルノー図を図 A.12 に示す．

(2)　カルノー図の区画をドントケアも考慮して結合した結果を図 A.12 に示した．その結果，簡略化された出力の否定 $\overline{X}$ は

$$\overline{X} = \overline{A}\overline{B}C + \overline{A}D + \overline{B}D$$

となる．

(3)　出力の否定 $\overline{X}$ に対してクワイン-マクラスキー法を適用する．圧縮表を表 A.9 に，主項表を表 A.10 に示す．出力の否定 $\overline{X}$ の最も簡略化された論理式は

$$\overline{X} = \overline{A}\overline{B}C + \overline{A}D + \overline{B}D$$

となる．

表 A.9　圧縮表（解答 3.4(3)）

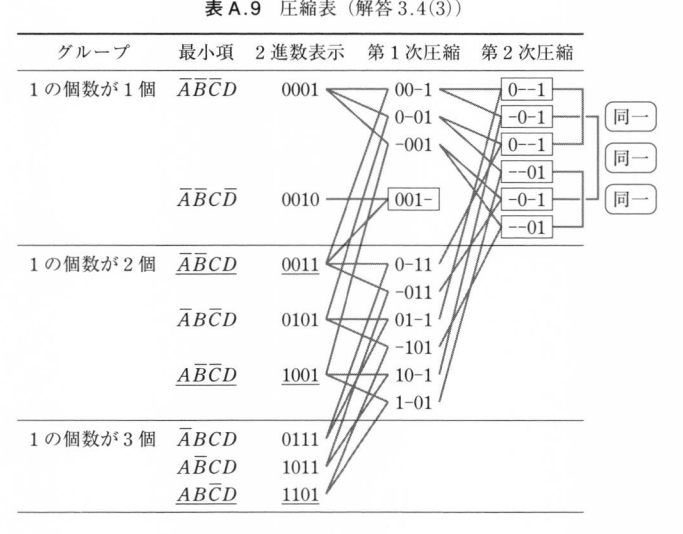

表 A.10　主項表（解答 3.4(3)）

主　項	最小項							
	$\overline{A}\overline{B}\overline{C}D$	$\overline{A}\overline{B}C\overline{D}$	$\overline{A}\overline{B}CD$	$\overline{A}B\overline{C}D$	$\overline{A}B\overline{C}\overline{D}$	$\overline{A}BCD$	$A\overline{B}\overline{C}D$	$AB\overline{C}D$
$\overline{A}\overline{B}C$		◎	◎					
$\overline{A}D$	◎		◎	◎		◎		
$\overline{B}D$	◎		◎		◎		◎	
$\overline{C}D$	○			○	○			○

(4)　$\overline{X} = \overline{A}\overline{B}C + \overline{A}D + \overline{B}D$ から
$$X = \overline{\overline{A}\overline{B}C + \overline{A}D + \overline{B}D} = (A + B + \overline{C}) \cdot (A + \overline{D}) \cdot (B + \overline{D}) \qquad (A.1)$$
さらに，二重否定しド・モルガンの定理を適用する．
$$X = \overline{\overline{(A + B + \overline{C}) \cdot (A + \overline{D}) \cdot (B + \overline{D})}} = \overline{\overline{(A + B + \overline{C})} + \overline{(A + \overline{D})} + \overline{(B + \overline{D})}} \qquad (A.2)$$
となり，NOR 回路のみで実現できる論理式が導かれる．回路図は図 A.13 となる．

第4章

4.1　加減算器は，加算と減算を切り替えて演算を行うことができる回路である．4 ビットの加減算器を設計する場合，4 つの全加算器を用いることで実現できる．4 ビットの入力 $A = (A_3, A_2, A_1, A_0)$，$B = (B_3, B_2, B_1, B_0)$ と 1 桁目の桁上がり情報 C，加算および減算の結果 $S = (S_3, S_2, S_1, S_0)$ と桁上がり情報 *carry* を出力する回路を考える．

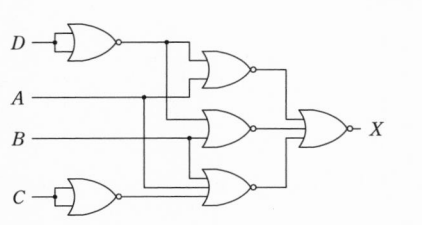

図 A.13　NOR ゲートのみを用いた回路実現
（解答 3.4（4））

$$
\begin{array}{r}
1\ 0\ 1\ 0 \\
\text{XOR)}\ \underline{0\ 0\ 0\ 0} \\
1\ 0\ 1\ 0
\end{array}
\qquad
\begin{array}{r}
1\ 0\ 1\ 0 \\
\text{XOR)}\ \underline{1\ 1\ 1\ 1} \\
0\ 1\ 0\ 1
\end{array}
$$

図 A.14　排他的論理和によるビット反転の例

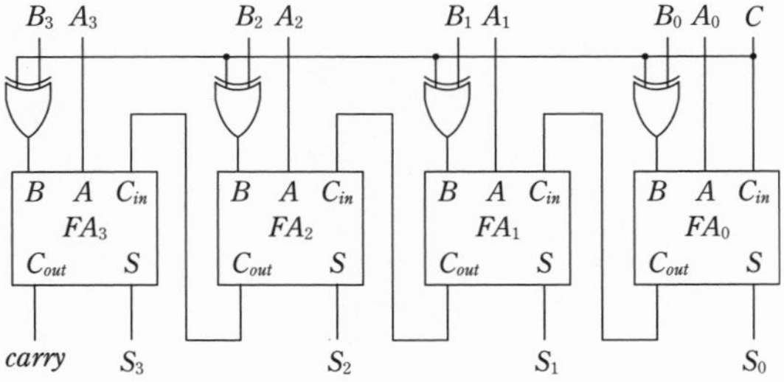

図 A.15　4 ビット加減算器（解答 4.1）

　減算する場合は，B に対して 2 の補数をとる必要があるが，加算する場合は，その必要がない．図 A.14 に示すように，$(1010)_2$ の全てのビットに対して "0" との排他的論理和をとった結果は元の数値から変化せず，全てのビットに対して "1" との排他的論理和をとった結果は元の数値の全てのビットの "0"，"1" が反転していることがわかる．したがって，B の各ビットと C を入力とした XOR ゲート回路を用いることで，$C=0$ のときは，B の値が変化せず，$C=1$ のときは，B に対して 2 の補数がとられる．このため，4 ビットの加減算器回路を構成するためには，4 つの XOR ゲート回路が必要であり，その回路構成を図 A.15 に示す．

4.2　入力チャネルが 2 個，出力チャネルが 1 個の 1 ビット 2 チャネルのマルチプレクサの真理値表を表 A.11 に示す．ここで，A と B を入力チャネルのデータ，S を選択信号とし，それぞれ 1 ビットである．また，出力チャネルのデータを Z とする．表 A.11 に基づくカルノー図を図 A.16 に示す．図 A.16 より，2 区画の結合が 2 つあることから，論理式の簡略化ができる．したがって，Z の論理式は次のようになる．

$$Z=\overline{S}\cdot A+S\cdot B \tag{A.3}$$

　式（A.3）より，1 ビット 2 チャネルのマルチプレクサは，2 つの AND ゲート回路と 1 つの OR ゲート回路と 1 つの NOT ゲート回路から構成され，その回路図を図 A.17 に示す．

表 A.11　1ビット2チャネルのマルチプレクサの
真理値表（解答4.2）

S	A	B	Z
0	0	0	0
0	0	1	0
0	1	0	1
0	1	1	1
1	0	0	0
1	0	1	1
1	1	0	0
1	1	1	1

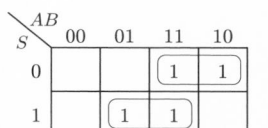

図 A.16　1ビット2チャネルのマルチプレ
クサのカルノー図（解答4.2）

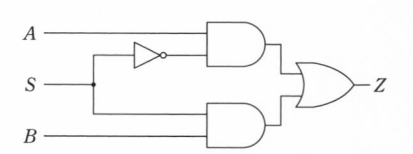

図 A.17　1ビット2チャネルのマルチプレクサの
回路構成（解答4.2）

表 A.12　2ビット4チャネルのデマルチプレクサの真理値表（解答4.3）

S_1	S_0	Z_{31}	Z_{30}	Z_{21}	Z_{20}	Z_{11}	Z_{10}	Z_{01}	Z_{00}
0	0	*	*	*	*	*	*	d_1	d_0
0	1	*	*	*	*	d_1	d_0	*	*
1	0	*	*	d_1	d_0	*	*	*	*
1	1	d_1	d_0	*	*	*	*	*	*

4.3　入力チャネルが2ビット，出力チャネルが4個である2ビット4チャネルのデ
マルチプレクサの真理値表を表 A.12 に示す．ここで，$D=(d_1, d_0)$ を入力チャネルの
データ，$S=(S_1, S_0)$ を選択信号，$Z_0=(Z_{01}, Z_{00})$，$Z_1=(Z_{11}, Z_{10})$，$Z_2=(Z_{21}, Z_{20})$，$Z_3=$
(Z_{31}, Z_{30}) それぞれを出力チャネルのデータとする．表 A.12 より，選択信号で指定さ
れる出力チャネル以外のチャネルのデータは "0" でも "1" でもよいことから，これ
らの出力を＊（ドントケア）と記述している．各出力においては，＊＝0 とすると簡
単に論理式を求められる．各出力を主加法標準形により求めると次の式（A.4）～式
（A.11）のように表せる．

$$Z_{00}=\overline{S_0} \cdot \overline{S_1} \cdot d_0 \tag{A.4}$$
$$Z_{01}=\overline{S_0} \cdot \overline{S_1} \cdot d_1 \tag{A.5}$$
$$Z_{10}=S_0 \cdot \overline{S_1} \cdot d_0 \tag{A.6}$$
$$Z_{11}=S_0 \cdot \overline{S_1} \cdot d_1 \tag{A.7}$$
$$Z_{20}=\overline{S_0} \cdot S_1 \cdot d_0 \tag{A.8}$$
$$Z_{21}=\overline{S_0} \cdot S_1 \cdot d_1 \tag{A.9}$$
$$Z_{30}=S_0 \cdot S_1 \cdot d_0 \tag{A.10}$$

$$Z_{31} = S_0 \cdot S_1 \cdot d_1 \tag{A.11}$$

したがって，2 ビット 4 チャネルのデマルチプレクサの回路構成を図 A.18 に示す．

4.4 プライオリティエンコーダ（priority encoder）では，複数個の入力に同時に "1" が入る禁止入力状態においても正常な動作が保証される．0 から 9 の 10 進数の入力に対して複数個の入力が同時に "1" となった場合には，その中で最も大きい数字の入力のみが "1" となるように動作する．つまり，"0" が最も優先権が低く，"9" が最も優先権が高い．この機能をプライオリティ機能と呼ぶ．

表 A.13 に 10 進数を BCD コードに変換するプライオリティエンコーダの真理値表を示す．ここで，出力 AI（Any Input）は $A_0 \sim A_9$ のいずれかの入力信号が "1" となったときに "1" を出力する．これは，本文図 4.13 におけるエンコーダでは，入力 A_0 が無意味なものとなっていたが，AI を監視することで A_0 の入力の有無を確認することができる．

表 A.13 より，Z_0, Z_1, Z_2, Z_3, AI の論理式を加法標準形により求めるとそれぞれ次の式（A.12）～式（A.16）のようになる．

$$\begin{aligned}
Z_0 &= A_1 \cdot \left(\overline{A_2} \cdot \overline{A_4} \cdot \overline{A_6} \cdot \overline{A_8} \right) \\
&\quad + A_3 \cdot \left(\overline{A_4} \cdot \overline{A_6} \cdot \overline{A_8} \right) \\
&\quad + A_5 \cdot \left(\overline{A_6} \cdot \overline{A_8} \right) \\
&\quad + A_7 \cdot \left(\overline{A_8} \right) \\
&\quad + A_9
\end{aligned} \tag{A.12}$$

$$\begin{aligned}
Z_1 &= A_2 \cdot \left(\overline{A_4} \cdot \overline{A_5} \cdot \overline{A_8} \cdot \overline{A_9} \right) \\
&\quad + A_3 \cdot \left(\overline{A_4} \cdot \overline{A_5} \cdot \overline{A_8} \cdot \overline{A_9} \right) \\
&\quad + A_6 \cdot \left(\overline{A_8} \cdot \overline{A_9} \right) \\
&\quad + A_7 \cdot \left(\overline{A_8} \cdot \overline{A_9} \right)
\end{aligned} \tag{A.13}$$

$$\begin{aligned}
Z_2 &= A_4 \cdot \left(\overline{A_8} \cdot \overline{A_9} \right) \\
&\quad + A_5 \cdot \left(\overline{A_8} \cdot \overline{A_9} \right) \\
&\quad + A_6 \cdot \left(\overline{A_8} \cdot \overline{A_9} \right) \\
&\quad + A_7 \cdot \left(\overline{A_8} \cdot \overline{A_9} \right)
\end{aligned} \tag{A.14}$$

$$Z_3 = A_8 + A_9 \tag{A.15}$$

$$AI = A_0 + A_1 + A_2 + A_3 + A_4 + A_5 + A_6 + A_7 + A_8 + A_9 \tag{A.16}$$

式（A.12）において，$Z_0 = 1$ と出力するのは，A_1, A_3, A_5, A_7, A_9 のいずれかの入力が "1" となるときである．ここで，プライオリティ機能について考える．例えば，$A_1 \cdot (\overline{A_2} \cdot \overline{A_4} \cdot \overline{A_6} \cdot \overline{A_8})$ の項では，A_1 よりも優先権の高い A_2, A_4, A_6, A_8 のいずれかの入力が同時

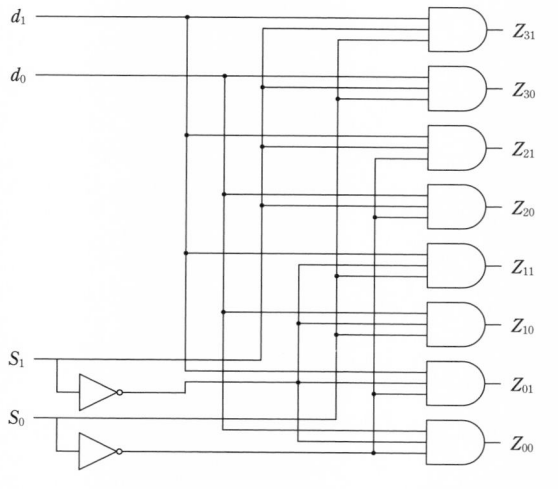

図 A.18 2 ビット 4 チャネルのデマルチプレクサの回路構成（解答 4.3）

表 A.13 10 進-BCD プライオリティエンコーダの真理値表（解答 4.4）

入力										出力				
A_9	A_8	A_7	A_6	A_5	A_4	A_3	A_2	A_1	A_0	Z_3	Z_2	Z_1	Z_0	AI
0	0	0	0	0	0	0	0	0	1	0	0	0	0	1
0	0	0	0	0	0	0	0	1	*	0	0	0	1	1
0	0	0	0	0	0	0	1	*	*	0	0	1	0	1
0	0	0	0	0	0	1	*	*	*	0	0	1	1	1
0	0	0	0	0	1	*	*	*	*	0	1	0	0	1
0	0	0	0	1	*	*	*	*	*	0	1	0	1	1
0	0	0	1	*	*	*	*	*	*	0	1	1	0	1
0	0	1	*	*	*	*	*	*	*	0	1	1	1	1
0	1	*	*	*	*	*	*	*	*	1	0	0	0	1
1	*	*	*	*	*	*	*	*	*	1	0	0	1	1
*	*	*	*	*	*	*	*	*	*	*	*	*	*	0
*	*	*	*	*	*	*	*	*	*	*	*	*	*	0
*	*	*	*	*	*	*	*	*	*	*	*	*	*	0
*	*	*	*	*	*	*	*	*	*	*	*	*	*	0
*	*	*	*	*	*	*	*	*	*	*	*	*	*	0
*	*	*	*	*	*	*	*	*	*	*	*	*	*	0

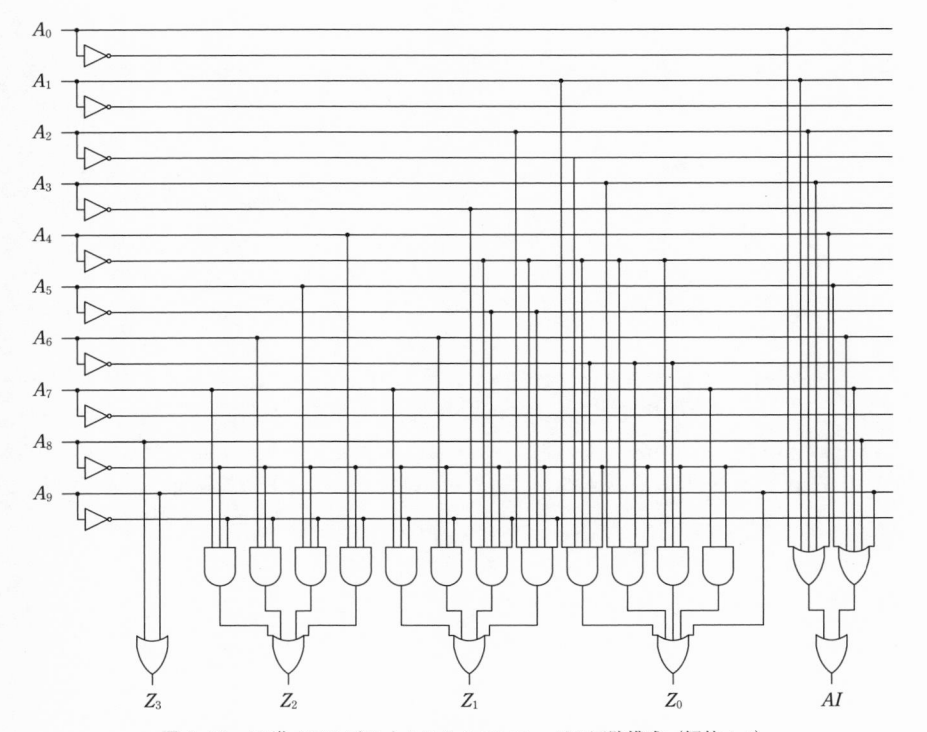

図 A.19　10 進-BCD プライオリティエンコーダの回路構成（解答 4.4）

に "1" と入力された場合は，優先権が最も高い入力信号を出力するためにこの項は "0"
としなければならない．同様に考えて，A_3 の場合は，より優先権の高い A_4, A_6, A_8 を，
A_5 の場合は，より優先権の高い A_6, A_8 を，A_7 の場合は，より優先権の高い A_8 を考慮
して論理式を立てる必要がある．ただし，A_9 よりも優先権の高い入力は存在しない．
これら全ての項を論理和で結合することで，Z_0 の論理式を求めることができる．式
（A.13）〜式（A.15）に示す Z_1, Z_2, Z_3 の論理式も同様の考えで求めることができる．

　したがって，1 桁の 10 進数を BCD コードに変換するプライオリティエンコーダの
回路構成を図 A.19 に示す．

第 5 章 ─────────────

5.1　NOR ゲートによる SR フリップフロップは図 A.20 の最上部にある図のように
構成すればよい．このフリップフロップの S, R 端子に対して 0 または 1 の値を入力し

た結果 4 通り全ての場合について，以下の(a)から(d)に示す．

（a）S, R にそれぞれ 0, 1 を入力した場合（リセット入力）：Q は以前の値にかかわらず 0 を出力し，$\overline{Q}$ はその否定である 1 を出力する．よって適切にリセットが行われる．

（b）S, R にそれぞれ 1, 0 を入力した場合（セット入力）：$\overline{Q}$ は以前の値にかかわらず 0 を出力し，$\overline{Q}$ はその否定である 1 を出力する．よって適切にセットが行われる．

（c）S, R にともに 1 を入力した場合：以前の値にかかわらず $Q, \overline{Q}$ ともに 0 となる．$Q, \overline{Q}$ が同値になることはその意味からも適切ではなく，また，これを以下の(d)のように保持しようとした場合，出力値が不安定になるためこのような組合せの入力は使用しないのが望ましい．

（d）S, R にともに 0 を入力した場合：$Q, \overline{Q}$ の値はともに以前の値を保持する．

以上の(a)から(d)の結果は，本文例題 5.2 の説明と矛盾しないことを確認されたい．

5.2 通常の JK フリップフロップに Set, Reset の機能を実現する回路を付加して図 A.21 のような回路構成を考える．付加する回路には 2 ビットの制御信号と J, K の信

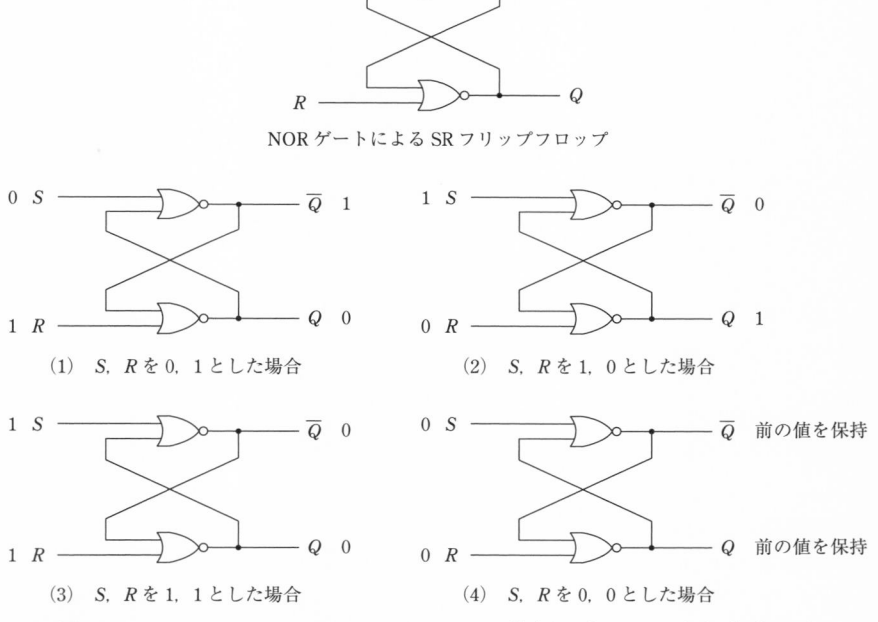

図 A.20 NOR ゲートによる SR フリップフロップの構成と入力に対する出力（解答 5.1）

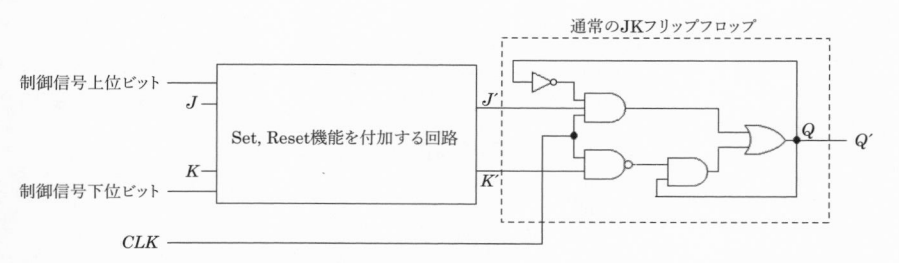

図 A.21 Set, Reset 機能を実現する回路を付加した JK フリップフロップの回路構成（解答 5.2）

号の入力があるものとし，制御信号が 00 の場合は J, K の信号をそのまま JK フリップフロップ本来の J, K 入力端子（これをそれぞれ J', K' とする）まで通過させて通常の動作を行わせ，制御信号が 01 の場合に Reset（すなわち J', K' にそれぞれ 0, 1 を入力），10 の場合に Set（すなわち J', K' に 1, 0 を入力）となるような回路を考えると，付加回路部分の真理値表は表 A.14 のようになる．ただし，制御信号 11 は使用されないものとし，かつポジティブエッジトリガ型 JK フリップフロップを仮定し，Q のフィードバックによる出力値 Q' の振動は発生しないものとする．

　この場合，カルノー図を用いて論理式を求め，これを実現する回路を構成するといくつかの異なるものが考えられるが，構成が対称で理解しやすいものを 1 つの例として図 A.22 に示す．

5.3　D フリップフロップは，クロックに同期させて D が 1 の場合 Set，0 の場合 Reset すれば実現できるので，これが JK フリップフロップでは J, K への入力値がそれぞれ 1, 0 および 0, 1 に相当するから，図 A.23 のように構成すればよい．ただし，図中では JK フリップフロップ部分は簡略化した図を用いた．

5.4　図 5.31 の回路では，一般にクロックが 0 のときには S, R がともに 0 になるため，SR フリップフロップの動作特性から出力 Q' はこれまでの値 Q を保持する．よって，クロックの立ち上がりで動作するフリップフロップを仮定した場合，立ち上がりのタイミングでのみ Q' の値が変化する可能性がある．出力を Q に統一して図 5.30 と同様の D およびクロックのタイミングチャートを考えると，図 A.24 のようになる．

　図中①では，Q が初期値 0 であるときに，D が 1 となった場合にクロックが立ち上がるので，上側の AND ゲート出力が $\overline{Q}$，すなわち 1 が素通しされ，下側の AND ゲートの出力は 0 になるため，S, R 端子への入力はそれぞれ 1, 0 で Set となるから，Q' は 1 となる．よってタイミングチャートでは Q の値が 0 から 1 に立ち上がる．

　図中②では，Q が 1 である状態で，D が 0 となった場合にクロックが立ち上がるので，上側 AND ゲート出力は 0，下側 AND ゲート出力は Q，すなわち 1 が素通しされ

表 A.14 2 ビット制御信号および J, K 入力による Set, Reset 機能を実現した
JK フリップフロップの真理値表（解答 5.2）

制御信号	J	K	J'	K'
00	0	0	0	0
00	0	1	0	1
00	1	1	1	1
00	1	0	1	0
01	0	0	0	1
01	0	1	0	1
01	1	1	0	1
01	1	0	0	1
11	0	0	*	*
11	0	1	*	*
11	1	1	*	*
11	1	0	*	*
10	0	0	1	0
10	0	1	1	0
10	1	1	1	0
10	1	0	1	0

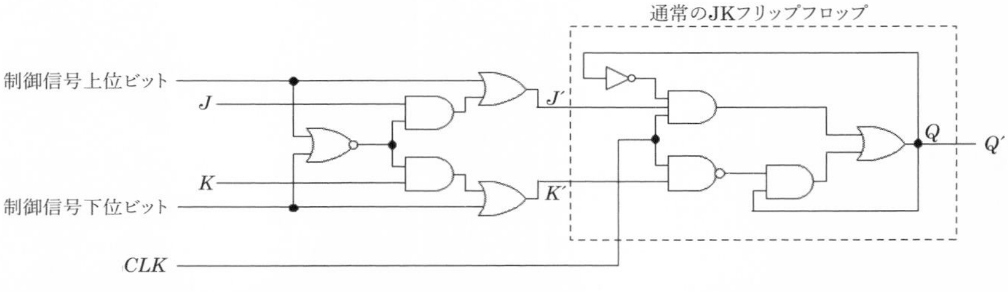

図 A.22 Set, Reset 機能を実現する回路を付加した JK フリップフロップの構成例（解答 5.2）

るため，S, R はそれぞれ 0, 1 で Reset だから Q' は 0，すなわちタイミングチャート上
の Q の値が 1 から 0 に立ち下がる.

　図中③と④では D の値が継続して 1 のままである．③の直前では Q が 0 であり，①
の状況と同じであるため，タイミングチャート上では Q が 0 から 1 に立ち上がる．こ
れに続き④では Q が 1 の状態であるので，上側 AND ゲート出力は $\overline{Q}$，すなわち 0，下
側 AND ゲート出力は 0 であることより，Q' は Q を保持して 1 のままとなる.

　図中⑤と⑥では D の値が継続して 0 のままである．⑤の状況は②と同様であるため，
タイミングチャート上で Q は 1 から 0 に立ち下がる．これに続き，⑥では Q が 0 の状

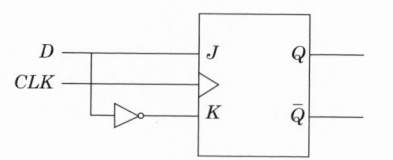

図 A.23　JK フリップフロップを用いた D フリップフロップの回路構成（解答 5.3）

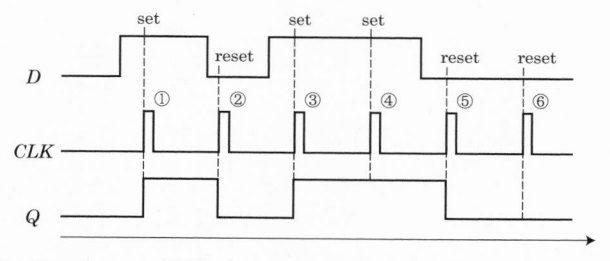

図 A.24　SR フリップフロップを用いた D フリップフロップのタイミングチャート（解答 5.4）

態であるので，上側 AND ゲート出力は 0，下側 AND ゲート出力は Q，すなわち 0 で，Q' は Q を保持して 0 のままとなる.

　以上の結果はクロックが立ち上がるタイミングで，D と Q の値の組合せ 4 通りにおいてすべて D フリップフロップとして正しい動作であることを示している. よって図 5.31 の回路は D フリップフロップとして正しく動作する.

5.5　T フリップフロップでは，パルスが入力されるたびに現在の値の否定が次の値として出力される. よって図 A.25 のような構成とすればよい. ただし，D フリップフロップは簡略化して示している.

5.6　入力 T が 0 となるたびに出力 Q を反転するということは，入力 T の立ち下がりのたびに反転しているのと同じである. T の立ち下がりに幅の狭い矩形パルスを出力するのがネガティブエッジトリガであるから，これに通常の T フリップフロップ（入力 T が 1 となるたびに出力 Q を反転する）を組み合わせれば題意を満たす. 以上のことから，題意の回路は本文例題 5.6 で示した図 5.24 と同様になる.

5.7　クロックにポジティブエッジトリガの回路を加えればよい. これを図 A.26 に示す.

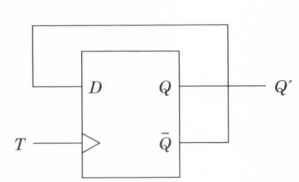

図 A.25　D フリップフロップに
よる T フリップフロッ
プの構成（解答 5.5）

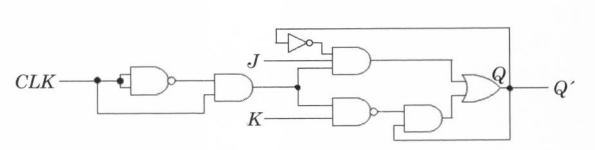
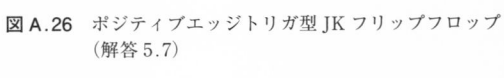

図 A.26　ポジティブエッジトリガ型 JK フリップフロップ
（解答 5.7）

第 6 章

6.1　本文図 6.1 の左側の D フリップフロップ回路では，enable 端子への入力が 0 の場合，この値が直接入力される 2 つの NAND ゲート出力は強制的に 1 に設定される．これにより D フリップフロップ回路の右側部分にある図 5.4 と同様の状態記憶回路部分の 2 つの NAND ゲートへの入力はいずれも 1 となり，全体として D や CLK の値にかかわらず出力 $Q, \bar{Q}$ は前の状態を保持する．また，enable 端子への入力が 1 の場合は，これが入力される 2 つの NAND ゲートの出力に影響を与えないため，図 5.29 にある SR フリップフロップを変形した D フリップフロップと等価である．

　以上のことから，左側の回路では enable 端子への入力により D フリップフロップを動作可能にするモードと，動作せず前の状態を保持するモードの切り替えを行っていることがわかる．

　同様にして，右側の D フリップフロップ回路では，enable 端子への入力が 0 の場合，右側の D フリップフロップ部分の D 端子への入力には Q の値がフィードバックされる．つまり，次のクロックでも現在の状態が保持される．また，enable 端子への入力が 1 の場合，同 D 端子への入力には左側の入力 D の値がそのまま与えられる．

　以上のことから，右側の回路でも同様に enable 端子への入力により D フリップフロップを動作可能にするモードと，動作せず前の状態を保持するモードの切り替えを行っているといえる．

6.2　コンピュータシステムを用いて，何らかの条件を満たしたときに，特定の動作を実行させるような機構を構成することができる．この場合，システム内部に複数の状態を準備しておき，初期状態から順に各状態である条件を満たすごとに次の状態に移り変わっていき，最終状態に至ったときに意図した動作が実行されるような仕組みを用いることがある．このような状態の移り変わりのことを状態遷移という．

6.3　例えば，以下のような状態が考えられる．

・硬貨（貨幣）には金額の異なる複数の種類があるため，これらを混合して使えるならば，異なる硬貨の組み合わせにより投入された金額を記憶するための状態が増え

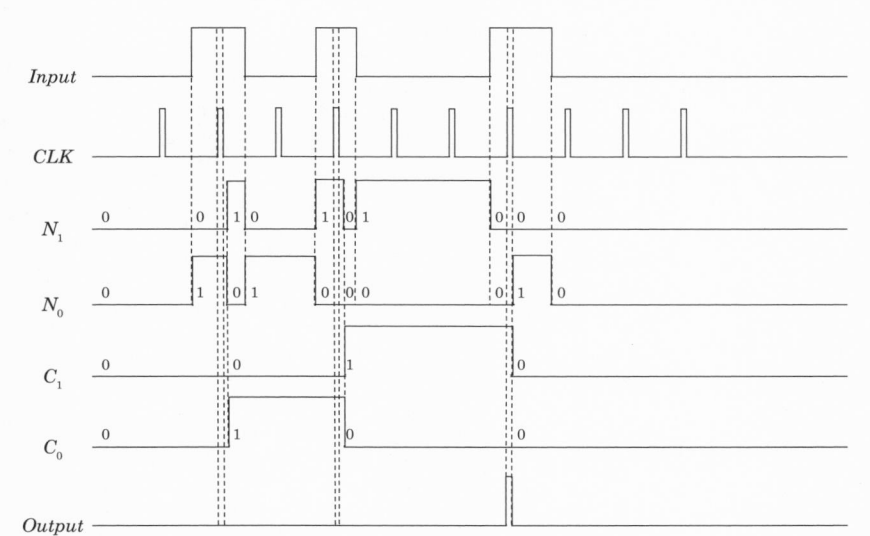

図 A.27 *タイミングチャート*（解答 6.4）

る.

・ジュースは複数種類から選択できるとすると，異なる値段，異なる種類のジュース
　が選択されるための状態が増える.

・ジュースの出力時におつりがある場合を想定すると，投入金額と選択されたジュー
　スの値段によりおつりの額が異なるため，その場合の数だけ状態が増える.

6.4 Reset 部分の動作は省略して，*Input*，*CLK*，N_1，N_0，C_1，C_0，*Output* からなる
タイミングチャートを描くと，図 A.27 のようになる.

　本文 6.3.6 項で述べたように，*Input* 入力が 1 である各期間において，*CLK* が立ち
上がり，立ち下がった後，*Input* 入力が 0 に戻るまでの間には，N_1，N_0 は現在の状態
の次の状態を示している. これらの各期間において複数の *CLK* がない限り実害はな
いが，無駄な動作である.

　また，*Output* が 1 となるのは *Input*，*CLK*，C_1 の全てが 1 になるタイミングである
が，これがジュースの出力信号として正しくシステムに認知されるのに十分な期間だ
け 1 となるように発生させるためには，*CLK* が 1 である期間が，クロック信号として
認識されうる時間である限り十分短く，かつフリップフロップの出力である C_1，C_0 に
N_1，N_0 の値が反映されるまでにある程度の遅延があることが必要である. よって，安
定した回路として利用するには困難な点がみられる.

表 A.15 硬貨 5 枚投入の自動販売機の状態遷移表 (解答 6.5)

現在の状態			入力 (*Input*) 0					入力 (*Input*) 1			
			次の状態			出力	次の状態			出力	
C_2	C_1	C_0	N_2	N_1	N_0	*Output*	N_2	N_1	N_0	*Output*	
0	0	0	0	0	0	0	0	0	1	0	
0	0	1	0	0	1	0	0	1	0	0	
0	1	0	0	1	0	0	0	1	1	0	
0	1	1	0	1	1	0	1	0	0	0	
1	0	0	1	0	0	0	0	0	0	1	

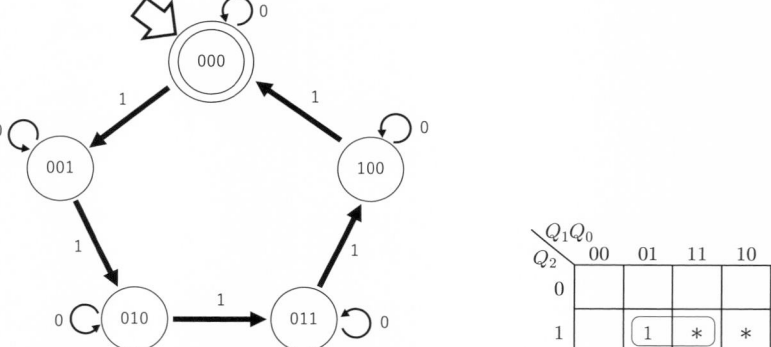

図 A.28 硬貨 5 枚投入の自動販売機の状態遷移図 (解答 6.5) 　図 A.29 カルノー図 (解答 7.1)

6.5 状態遷移図の一例を図 A.28，状態遷移表の一例を表 A.15 にそれぞれ示す．5 状態必要であるため，状態を表す C_n および N_n は $n=0,1$ の 2 ビットでは不足で， $n=0,1,2$ の 3 ビットを用いるが，8 個の数値を 5 状態に割り当てる方法は複数考えられる．この場合，3 個の数は不使用となる．意欲のある読者は，状態遷移表から C_2, C_1, C_0，および *Input* からなる 4 変数カルノー図を用いるなどして N_2, N_1, N_0，および *Output* の論理式を求め，回路図を求めるまでの作業に自身で取り組んでみてほしい．

第 7 章

7.1 $\lceil \log_2 5 \rceil = \lceil 2.32 \rceil = 3$ であるから 3 つのフリップフロップが必要である．クリア信号は $Q=0\sim4$ のとき $Cr=0$，$Q=5$ のときに $Cr=1$，また実際には生じない $Q=6\sim7$ に対してはドントケアとするので，カルノー図は図 A.29 のようになる．これより $Cr=Q_2Q_0$，回路は図 A.30 のようになる．

7.2 $\lceil \log_2 7 \rceil = \lceil 2.81 \rceil = 3$ であるから 3 つのフリップフロップが必要である．3 ビット

のダウンカウンタ（8進ダウンカウンタ）は，0の次に7に戻るが，7進ダウンカウンタを実現するには，7（111）になった瞬間に6（110）に初期設定すればよい．したがって回路は図 A.31 のようになる．

7.3 $\lceil \log_2 6 \rceil = \lceil 2.58 \rceil = 3$ であるから3つのフリップフロップが必要である．まず励起表を作成する（表 A.16）．これより，各制御信号に関するカルノー図を作成すると図 A.32 のようになる．したがって図 A.33 の回路を得る．

7.4 $\lceil \log_2 8 \rceil = 3$ であるから3つのフリップフロップが必要である．まず励起表を作成

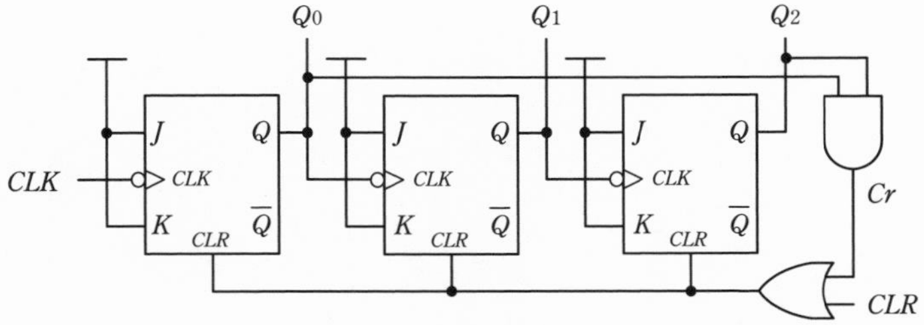

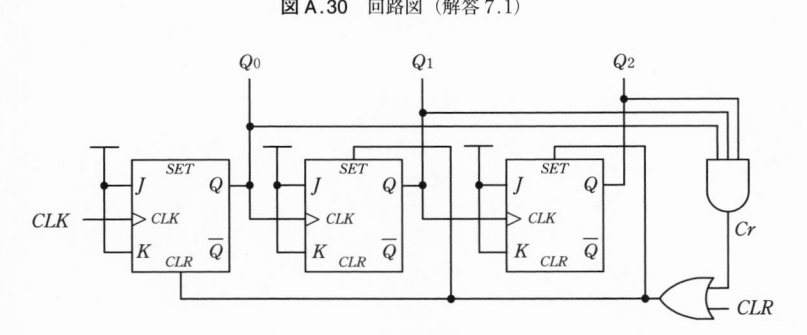

図 A.30 回路図（解答 7.1）

図 A.31 回路図（解答 7.2）

表 A.16 励起表（解答 7.3）

現在の値			次の値			制御信号		
Q_2	Q_1	Q_0	Q_2'	Q_1'	Q_0'	JK_2	JK_1	JK_0
0	0	0	0	0	1	0	0	1
0	0	1	0	1	0	0	1	1
0	1	0	0	1	1	0	0	1
0	1	1	1	0	0	1	1	1
1	0	0	1	0	1	0	0	1
1	0	1	0	0	0	1	0	1

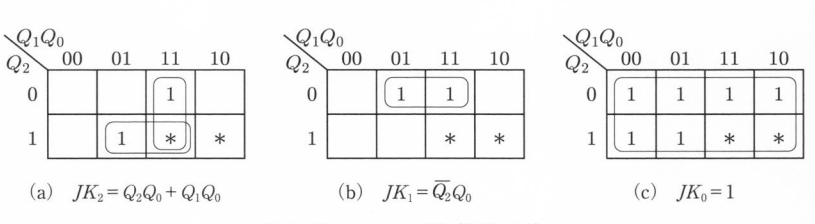

図 A.32　カルノー図（解答 7.3）

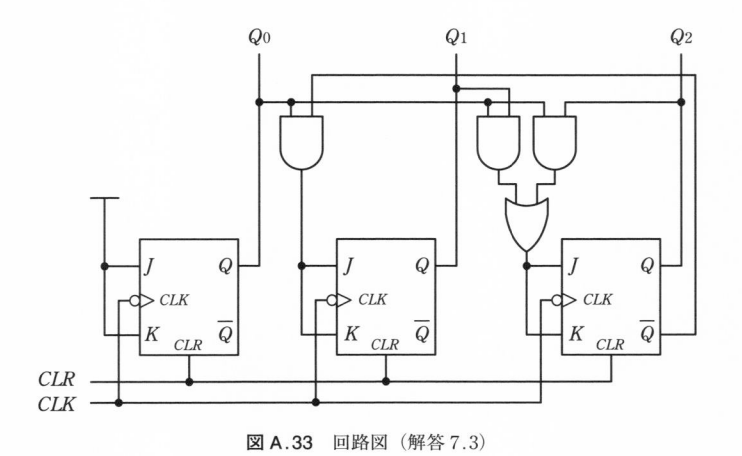

図 A.33　回路図（解答 7.3）

表 A.17　励起表（解答 7.4）

| 現在の値 | | | 次の値 | | | 制御信号 | | |
Q_2	Q_1	Q_0	$Q_2{}'$	$Q_1{}'$	$Q_0{}'$	JK_2	JK_1	JK_0
0	0	0	1	1	1	1	1	1
0	0	1	0	0	0	0	0	1
0	1	0	0	0	1	0	1	1
0	1	1	0	1	0	0	0	1
1	0	0	0	1	1	1	1	1
1	0	1	1	0	0	0	0	1
1	1	0	1	0	1	0	1	1
1	1	1	1	1	0	0	0	1

する（表 A.17）．これより，各制御信号に関するカルノー図を作成すると図 A.34 の
ようになる．したがって，図 A.35 の回路を得る．

7.5　補数表現では，MSB（最上位ビット）が符号を表している．すなわち，MSB が
0 ならば非負，1 ならば負の数を表す．したがって，シフト操作を行って，値が 2 倍や

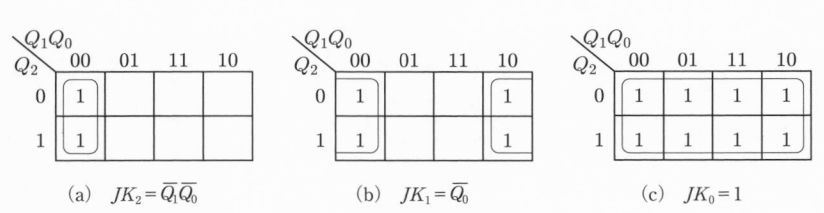

図 A.34　カルノー図（解答 7.4）

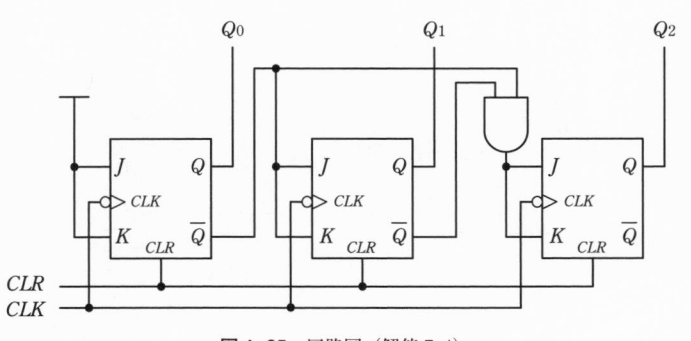

図 A.35　回路図（解答 7.4）

1/2 になっても符号を保つ必要があるので，問題文に示した操作が必要となる．

7.6　最終段の出力を反転させた値を入力に戻したリングカウンタをジョンソンカウンタ（Johnson counter）という．初期値を $Q_0Q_1Q_2Q_3 =$ "1000" とすればクロックが入力されるたびに，"1000" → "1100" → "1110" → "1111" → "0111" → "0011" → "0001" → "0000" → "1000" → … という出力を繰り返す．すなわち，段数の 2 倍の周期で出力変化を繰り返す．

第 8 章 ───────

8.1　まず入力 $A=B=0$ のときは P-MOS トランジスタが両方とも ON，N-MOS トランジスタが両方とも OFF になり，$X=1$ となる．次に $A=0$ かつ $B=1$ のときは P-MOS トランジスタの一方が OFF，N-MOS トランジスタの一方が ON となり，$X=0$ となる．同様に $A=1$ かつ $B=0$ のときも $X=0$ となる．なお $A=B=1$ のときは P-MOS トランジスタが両方とも OFF，N-MOS トランジスタが両方とも ON になり，$X=0$ となる．したがって NOR 動作になる（図 A.36）．

8.2　これまでの考察から図 A.37 の回路を得る．

8.3　$X=1$ になる条件は，「$A=0$ かつ $B=0$」または「$C=0$」であるから，次式を得る．

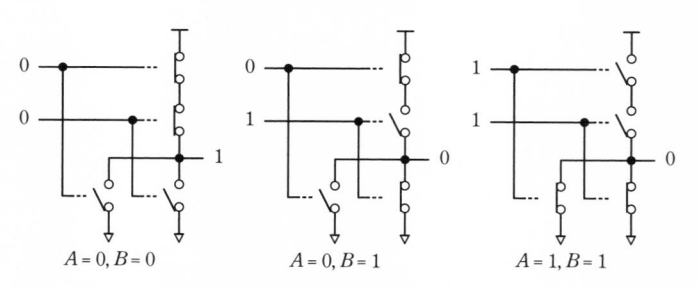

$A = 0, B = 0$ $A = 0, B = 1$ $A = 1, B = 1$

図 A.36 CMOS で構成した NOR 回路（解答 8.1）

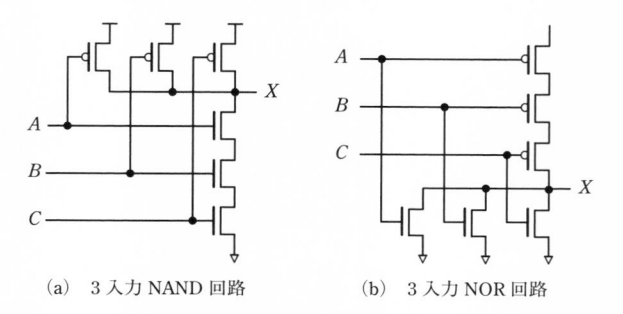

（a） 3 入力 NAND 回路   （b） 3 入力 NOR 回路

図 A.37 CMOS で構成した 3 入力回路（解答 8.2）

$$X = \overline{A}\,\overline{B} + \overline{C} = \overline{(A + B)} + \overline{C} = \overline{(A + B)\,C} \qquad (\text{A.17})$$

8.4 まず以下のように式を変形する.

$$X = A \oplus B = \overline{A}B + A\overline{B} \qquad (\text{A.18})$$

$$Y = \overline{AB + C} = \overline{AB} \cdot \overline{C} = (\overline{A} + \overline{B})\overline{C} = \overline{A}\,\overline{C} + \overline{B}\,\overline{C} \qquad (\text{A.19})$$

これより，図 A.38 の回路を得る.

8.5 表 A.18 のとおり.

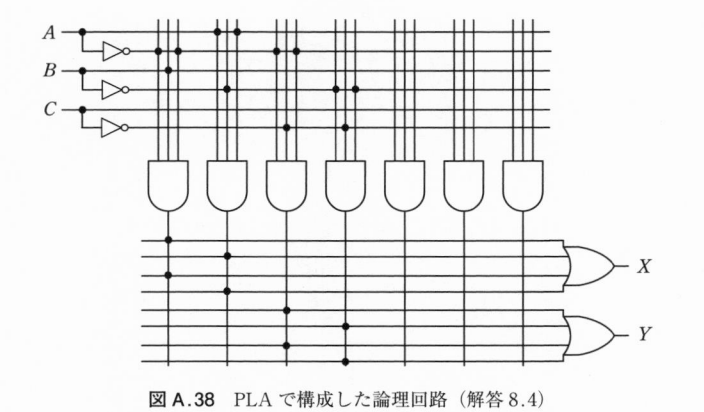

図 A.38　PLA で構成した論理回路（解答 8.4）

表 A.18　各種メモリの特徴と用途（解答 8.5）

	特徴	用途
SRAM	高速動作, 高コスト.	キャッシュメモリなど.
DRAM	低速動作, 低コスト.	メインメモリなど.
フラッシュメモリ	不揮発性, 低コスト.	メモリカード, SSD など.

索　引

著者略歴

田口　亮（た ぐち　あきら）

1961 年	埼玉県に生まれる
1989 年	慶應義塾大学大学院理工学研究科博士課程修了
現　在	東京都市大学情報工学部情報科学科教授
	工学博士

執筆担当：第 2 章，第 3 章

金杉昭徳（かな すぎ あき のり）

1960 年	東京都に生まれる
1985 年	埼玉大学大学院工学研究科修士課程修了
現　在	東京電機大学工学部電子システム工学科教授
	博士（工学）

執筆担当：第 7 章，第 8 章

佐々木智志（さ さ き とも ゆき）

1986 年	神奈川県に生まれる
2017 年	東京都市大学大学院工学研究科博士後期課程修了
現　在	湘南工科大学工学部情報工学科講師
	博士（工学）

執筆担当：第 1 章，第 4 章

菅原真司（すが わら しん じ）

1967 年	岩手県に生まれる
1999 年	東京工業大学大学院理工学研究科博士課程修了
現　在	千葉工業大学工学部情報通信システム工学科教授
	博士（工学）

執筆担当：第 5 章，第 6 章

論理回路の基礎

定価はカバーに表示

2020 年 4 月 5 日　初版第 1 刷

著　者	田　口　　　亮
	金　杉　昭　徳
	佐々木　智　志
	菅　原　真　司
発行者	朝　倉　誠　造
発行所	株式会社　朝　倉　書　店

東京都新宿区新小川町 6-29
郵便番号　162-8707
電　話　03（3260）0141
FAX　03（3260）0180
http://www.asakura.co.jp

〈検印省略〉

新日本印刷・渡辺製本

上記価格（税別）は 2020 年 3 月現在